菜根谭全集

卷二

[明] 洪应明 著

吉林出版集团有限责任公司

图书在版编目（CIP）数据

菜根谭全集 / (明) 洪应明著. -- 长春 ：吉林出版集团有限责任公司，2011.7
ISBN 978-7-5463-5930-4

Ⅰ. ①菜… Ⅱ. ①洪… Ⅲ. ①个人－修养－中国－明代 Ⅳ. ①B825

中国版本图书馆CIP数据核字(2011)第139226号

菜根谭全集

著　　者：［明］洪应明
出 版 人：周殿富
责任编辑：耿　宏　冯　雪
书装设计：张立娟
出版发行：吉林出版集团有限责任公司
电　　话：0431－86012613
印　　刷：三河市文通印刷包装有限公司
开　　本：850mm×1168mm　　1／16
字　　数：1107千字
印　　张：49.25
版　　次：2011年7月第1版
印　　次：2011年7月第1次印刷
书　　号：ISBN 978－7－5463－5930－4
定　　价：395.00元（古典函套线装 全四册）

前　言

中华民族的传统文化博大精深，源远流长。在这万紫千红的百花园中，《菜根谭》是其中瑰丽无比的一颗璀璨明珠。它成书于明代万历年间，是久居山林的隐士洪应明所作。该书作者的生平，史籍未有详细记载，只是在《四库全书总目提要》卷二十八·子部·小说家存目中，收有洪应明的另一部著作《仙佛奇踪》中，谈及作者时有寥寥数语："应明，字自诚，号还初道人，其里贯未详。"因此，可以推断，该书作者洪应明其名在当时不彰于世。

《菜根谭》书名的由来，一说取自宋代儒者汪信民语："得常咬菜根，即做百事成"；一说典出："性定菜根香"，所谓"夫菜根，弃物也，而其香非定者莫知"（三山通理达天语）；一说则称"谭以菜根名，固自清苦历练中来，亦自栽培灌溉里得，其颠顿风波，备尝险阻可想矣"（于孔谦语）。凡此种种，宗旨只有一个，以"咬菜根"比喻甘于本性，安贫乐道。洪自诚取"菜根谭"为名，寓意在淡淡乏味的菜根中有着无限真味的存在，表示能经受艰难困苦，才能成就伟大的事业。他希望世人放弃互相倾轧之心，在清苦历练之中修身养性，敦品厉行。

《菜根谭》原作采用语录体形式，分上、下两卷，有修省、应酬、评议、闲适、概论五项，共计三百六十条。每条均由排比或对仗的短句组成，言简意赅，深入浅出，既便于理解，又易诵读。书中的处世警句来源丰富，既有作者自己的心得体会，又有从先哲格言、佛家禅语、古典名句、俗语谚语中演化而来的精彩文句，辞藻秀美，含义隽永，耐人寻味。

《菜根谭》的内容涉及广泛，几乎涵盖了人生所能遇到的一切重大问题，"其间有仁语义语、持身涉世、隐逸显达、迁善介节、禅机旨趣、学道见道等语"。全书以道德修养为核心，把修身养性作为基本原则，上至治国、平天下，下至个人修身、齐家，世间万象作全面阐述。

《菜根谭》所反映出的作者思想不是单一的，而是儒、释、道三者的有机合一，既有感慨时局之悲凉而生隐逸的思想，又有害怕世途之险恶，欲求全身的对策；还有胸怀远大的抱负，不肯与污浊同流的自警自策。它的主要思想基调应该是积极的。它以佛家的"世出世间"，融通儒家的"经世致用"和道家的"趋利避害"，表现出一种中正而圆融的人生态度。《菜根谭》在读，也在悟。人们只有平心静气地细细品味，才能体会出平凡的语言中所蕴涵的深刻的丰富的人生真谛。

为方便读者阅读，本书对《菜根谭》进行了重新整理和编排，并对原文进行了注释，附有译文和解评，并收录了大量有关指导阅读的感悟文章。相信读者通过阅读《菜根谭》，能对人生、人性有进一步的理解，真正悟出其中的精髓，提高心智，领略生命的意义，挖掘生活的乐趣，缓解生活的压力，活得更加丰富多彩。当然，用今天的眼光看《菜根谭》,就会发现书中有些言论过于消极、颓废、不符合历史的发展规律,所以,读者要取其精华,去其糟粕,扬长避短,古为今用。本书主编陈君慧女士为中国民航飞行学院讲师、古代文学博士。

本书在编辑过程中,参考了国内学者的研究成果,在此表示衷心的感谢。由于编者的水平有限,书中难免有不足之处,敬请读者批评。

编　者

目　　录

第一册

第一编　修身养德篇

第二编　观心论道篇

第二册

第三编　立志问学篇

第四编　齐家兴业篇

第五编　待人接物篇

第三册

第六编　处世应酬篇

第七编　洞世体物篇

解悟

第四册

第八编　品评尚议篇

解悟

第九编　劝事喻理篇

解悟

第十编　闲适性情篇

第一编　修身养德篇

朴鲁疏狂，历事之道

涉世[①]浅，点染[②]亦浅；历事深，机械[③]亦深。故君子与其练达[④]，不若朴鲁[⑤]；与其曲谨，不若疏狂。

【注释】 ①涉世：即经历世事。　②点染：指被感染上了社会的不良习气。　③机械：巧诈。　④练达：老练而通达人情事理。　⑤朴鲁：天真淳朴。

【译文】 涉世不深的人，为不良习惯所左右的机会就要少一些，而阅历丰富的人，心中的奸谋技巧自然就会多一些。因此，要想做一个品行端正、心胸坦荡的人，与其精于世故，不如天真淳朴，与其谨小慎微，不如光明磊落。

【解评】 社会就像一个大染缸，一个人在涉世之前，没有什么阅历，好像一张白纸。一个阅历深厚的人，看尽世事，对人心险恶了解得也多。好像武侠小说里能打败别人的高手，首先要能看透对方的招数。但是，这并不是最高境界，看过金庸小说的人都应该知道：无招胜有招。我们不可能永远生活在襁褓之中，要在复杂的生活中做一个君子——就像最高境界的大侠——以无招胜有招，看透人情世故却不被拘泥，看穿技巧谋略却不会迷失，做生活中真正的智者。

客气下而伸正气，妄心杀而真心现

矜高[①]倨傲，无非客气[②]。降服得客气下，而后正气[③]伸；情欲意识，尽属妄心[④]。消杀得妄心尽，而后真心见。

【注释】 ①矜高：高傲自大。矜，骄傲，自满。　②客气：指言行虚伪，不是出于真心。　③正气：指宏大至刚之气。　④妄心：妄生分别的心。

【译文】 狂妄自大、骄傲自满，是心性浮躁的表现。只有抑制这种性情，才能伸张合乎义理的正气；情感、欲望、杂念，都属于虚无荒诞的心思。只有将它们根除，真诚的思想才能成为主宰。

【解评】 老舍说："骄傲自满是我们的一座可怕的陷阱；而且，这个陷阱是我们自己亲手挖掘的。"许多荒诞的念头都是由于我们内心的软弱和动摇造成的，身边的诱惑虽是客观的，但都是外因，最重要的还是我们自己的心灵。武侠小说里常有"走火入魔"一说，练功没错，错在他当时心生杂念，于是气脉错杂，要么武功尽废，要么当场身亡，"魔由心生"说的也是这个意思。所以我们要随时自觉地自我反省，不要让虚妄控制了我们的心灵。古偈语有云："身似菩提树，心如明镜台。时时勤拂拭，勿使染尘埃。"

心无杂念自然清

理寂则事寂[1]，遣事执理者，似去影留形；心空则境空，去境存心者，如聚膻却蚋[2]。

【注释】①理寂则事寂：思想保持理性，才能够明白事理。理，本性，理性。　②蚋：蚊类的害虫，形状像苍蝇，吸食人的血液。

【译文】保持清醒的头脑才能明白事理，处理事务光凭道理，就好像是想把影子赶走而留下形体那样可笑；去除内心杂念自然清静，如果只求外界清静，而内心充满杂念，就像堆着腥膻之物却驱赶蚊蚋那样愚蠢。

【解评】《景德传灯录》中记载：魏晋时期，行脚僧良价外出求师，有一天投宿在龙山寺庙。他见到庙里的住持后，问道："你是主人，不知你要说什么？"龙山住持说："清风拂白月。"良价又问道："你为什么出家在此？"龙山住持说："我见两个泥牛争斗入海，直至如今仍无消息。"人生"犹如梦幻与泡影，亦如朝露及电光"，转瞬即逝，其间的一切也仿佛镜花水月。参得透者就能平心静气，知足常乐，而执迷不悟的人就好像相互争斗的泥牛，最终只会两败俱伤。人生苦短，不要浪费在琐屑无谓的欲望上。

前车覆，后车鉴

饱后思味，则浓淡之境都消；色后思淫[1]，则男女之见尽绝。故人当以事后之悔悟[2]，破临事之痴迷[3]，则性定而动无不正。

【注释】①淫：淫荡，贪色。　②悔悟：指人认识到了自己的错误，同时感到悔恨而醒悟。③痴迷：沉迷。

【译文】酒足饭饱后再去想那些美味佳肴，食欲会大减；亲近女色之后再想那些房中之事，便会觉得兴趣全无。因此，人们应该通过事后的悔悟，来抑制事前的那种执迷不悟。能够做到这一点，就会意志坚定，做事就不会偏离正轨。

【解评】一位哲人曾经说过：如果每个人都能从老年活到青年，那么每个人都能成为智者。穿越时空隧道，每个人都能看清当时的迷惑，如果能让我们再重新活一遍，很多事情也许就能处理得很好。可惜我们无法违背宇宙的法则，不能从后向前活，但是，我们可以通过过去的经验来指导将会遇到的问题。我们在处理问题时的思维方式基本是一致的，只要能发现自己思维方式中的缺点，并在以后的生活中自觉地提醒自己不要重蹈覆辙，所谓"吃一堑，长一智"、"前事不忘，后事之师"、"前车覆，后车鉴"都是这个道理。犯错误不要紧，只要能吸取过往的经验教训，作为后来的借鉴指导，就会逐步走向成功。

多此一举，尤为晚矣

气象要高旷而不可疏狂[①]，心思要缜密[②]而不可琐屑[③]，趣味要冲淡而不可偏枯，操守要严明而不可激烈[④]。

【注释】 ①疏狂：豪放而不拘束，文中引申为自大。 ②缜密：精细严谨。 ③琐屑：烦琐，细碎。琐，细小，细碎。屑，碎末。 ④激烈：在此是偏激的意思。

【译文】 志向要高远，但不能自大；考虑问题要细致周到，但不必凡事都花费心思；生活情趣要高雅清淡，但不能过于苍白无趣；坚持原则要严正，但不能过于偏激。

【解评】 画蛇添足的故事大家知道，任何事物一旦过了度，就会发生质的变化。做人当志存高远，但前提是理智地认识自己的能力水平、正确地估测所处环境，处理问题当然要考虑周全，但不是要我们鸡毛蒜皮的事整天计算；高雅清淡的生活情趣可以颐养性情，清苦枯寂的生活只能消耗人的生活热情；坚守原则而不随波逐流，但并非要求旁人统统认可你的准则。事情做过分了，和没有做到一样，都达不到应有的效果。

忙处悠闲，闹中取静

忙里要偷闲[①]，须先向闲时讨个把柄[②]；闹中要取静，须先从静里立个根基[③]。不然，未有不因境而迁，随事而靡者。

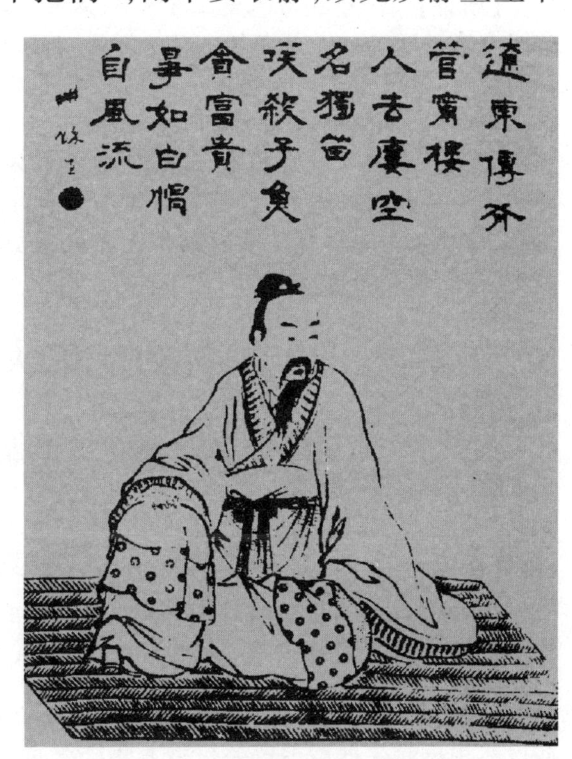

管宁像

【注释】 ①偷闲：指挤出空闲的时间。偷，抽出。闲，没有活动，与“忙”相对应。

②把柄：器物上便于用手拿的部分。比喻可以被人用来要挟或攻击的错误、过失。

③根基：基础。

【译文】 在繁忙时要想抽出时间休息，就先要在闲暇时练就虽闲逸却能够随时紧张起来的心理素质；在嘈杂的环境中要想保持清静，就先要在幽静的环境中练就不怕嘈杂的基本功夫。否则，就可能会随着环境的变化而出现心绪的变化，也会由于事务繁忙而疲于奔命。

【解评】 忙里偷闲可以让自己喘口气休息，稍微思考一下局势，再重新投入工作。但前提是在忙碌之前你要对全部问题都有准备，这样有条不紊，才能抽出时间暂且休息。若是之前没有任何计划和准备，一旦问题来临，只会让自己焦头烂额，哪来忙里偷闲的心境和机会？在嘈杂的环境中也想保持宁静的心态，就得事先练就不为嘈杂所动的心态，有的人在年轻的时候就故意在闹市中读书，以锻炼自己的毅力；而《世说新语》中记载"有乘轩冕过门者"，管宁亦照常读书，然而他的朋友华歆就做不到，跑到门外看热闹去了。

至精至诚，金石为开

人心一真，便霜可飞[①]、城可摧[②]、金石可贯。若伪妄之人，形骸[③]徒具，真宰已亡。对人则面目可憎[④]，独剧则形影自愧。

【注释】 ①霜可飞：是指只要人有真心，夏天也可以降霜。现在多用来形容人有真诚之心，就可以感动上苍。

②城可摧：墙可以倒，也用来形容人的真诚可以感动上苍。

③骸：骨，尸骨。

④憎：憎恶，厌恶。

【译文】 为人心诚，可使霜露化气、城堡摧毁、铁石洞穿。如果为人奸诈，不仅空有人形，而且灵魂死灭。使人觉得面目可憎，就是独自一人时也会为自己的行为感到惭愧。

【解评】 一个年轻人爱上了一个女孩，但女孩的父亲拒绝了他的求婚，除非他能证明自己的人品。于是年轻人请六位知名人士给他写证明材料，不料其中多半是对他的指责，且反对这门亲事。女孩的父亲看后，最终同意了他的求婚，赞叹道："你是个诚实的人，不隐讳别人对你的看法；也是个勇敢的人，敢于把不利于自己的材料拿出来。"这个年轻人就是马克·吐温，他最终以自己的真诚赢得了幸福的婚姻。李广将军曾经将箭射入岩石，当时人们疑惑不解，就去请教学者扬雄。扬雄说："如果诚心实意，即使像金石那样坚硬的东西也会被感动的。"古语有云："阳气发处，金石亦透，精神一到，何事不可成？"

水勿过清，人勿过察

地之秽[①]者多生物，水之清者常无鱼。故君子常存含垢纳污[②]之量，不可持好洁独行[③]之操。

【注释】 ①秽：污秽。

②含垢纳污：原来指能容纳一切肮脏的东西，文中用来比喻因为有了宽宏的气度而能忍受一切事情的雅量。垢，污秽，脏东西。

③独行：即我行我素。

【译文】 污秽之地往往有利于各种生命繁衍，清澈的水中通常没有鱼儿栖息。所以要想做君子就应当培养包容万物的气度，要容得下别人的缺点、错误，千万不能过于高洁而孤芳自赏。

【解评】 水至清则无鱼，人至察则无徒。“徒”指朋友，一个人太过精明苛察，就无法容忍他人，也不能为他人所容。世间没有十全十美的事情，“尺有所短，寸有所长”，每个人都有自己的缺点和优点。人际交往之中应当是求同存异，尊重每个人的性格，要能容纳别人的缺点，有兼容并蓄的风范，“海纳百川，有容乃大”。因为与此相同，旁人对待你也是一样的态度。人无完人，如果只是一味挑剔，除了刺伤彼此落得个不欢而散，更别提相互交流与合作了。

不恶辱秽，礼德贤愚

持身[①]不可太皎洁[②]，一切污辱垢秽，要茹纳[③]些；与人不可太分明，一切善恶贤愚[④]，要包容得。

【注释】 ①持身：立身、修身的意思。

②皎洁：洁白，这里指洁身自好的意思。

③茹纳：容忍，容纳。

④善恶贤愚：在这里泛指各种各样的人。

【译文】 做人不能过分洁身自好，适当地要对那些诽谤中伤加以容忍；和人交往不能有等级观念，要学会能够应付各种各样的人。

【解评】 “水至清则无鱼，人至察则无徒。”为人处世不能过于清高自傲，任何事物都有光明的一面和阴暗的一面，君子要能包容丑恶的东西，这是一种气量，亦是一种智慧，因为最高洁的荷花也是从淤泥中生长出来的。与人交往不要以等级划分，那是短视小人的作为。三教九流、五行八作，引车卖浆者之中亦卧虎藏龙，有不少曾经出身寒门的人最后名垂青史。而且，民间亦有民间的智慧，只要虚心学习，就会发现别有洞天。

澄我静体，修我圆机

把握未定者，宜绝迹[①]尘嚣[②]，使此心不见可欲而不乱，庶以澄吾静体；操持既坚者，又当混迹[③]尘俗，使此心见可欲而亦不乱，藉以养吾圆机。

【注释】 ①绝迹：完全不出现，断绝踪迹。

②尘嚣：指人世间的纷扰喧嚣。

③混迹：指踪迹混在了人群中，带有隐身不露的意思。

【译文】 当不能控制自己时，就应该远离嘈杂的世界，以使自己不会因物欲的引诱而心性迷乱，以使自己的身体冰清玉洁；当能够很好地控制自己的意志时，反而要将自己置身于花花世界，使自己在物欲的引诱时不会心迷性乱，借此来培养自己的质朴本性。

【解评】 “君子不立于危墙之下。”意即君子要远离危险的地方，可以把它理解为两个方面，一方面是防患于未然，对可能产生的危险事先预测，并做好预防措施；另一方面是一旦发现处于危险之中，要及时离开。所以君子在修养德行之时，要从自己的实际情况出发。当自己的定性尚不够坚定之时，就要刻意地提醒自己远离诱惑，能够让自己离开极具诱惑性的事物，本身就需要极大的毅力。等到自己的修养已经达到一定的境界之时，再返回尘世之中考验自己，这才是循序渐进、有条不紊的修身之道。

人力胜天，志一动气

彼富我仁，彼爵①我义，君子固不为君相②所牢笼；人定胜天，志一动气，君子亦不受造物之陶铸③。

【注释】 ①爵：爵位。在这里指地位高。

②君相：即国君的上宾，通常是用来形容高官厚禄的样子。

③陶铸：以土制器为陶，熔金制器为铸，比喻造就和培养。

【译文】 别人重财富而我重仁德，别人重官位而我重正义，作为君子决不事权贵；人力可以胜天，心志专一可以改造自然，就连造物对君子也无可奈何。

【解评】 任何时代，财富权势都是莫大的诱惑，不少人为了财富权势钩心斗角尔虞我诈，但君子却能看清财富权势不过都是枷锁牢笼，世人为之套牢却还沾沾自喜。因为他看清了士族门阀制度的腐败，真正有才能的人怀才不遇，官场上都是些唯利是图的跳梁小丑，于是他归隐田园，“采菊东篱下，悠然见南山”。虽然贫寒但心灵安详充实，“结庐在人境，而无车马喧”。在平淡的生活与劳动中体会宇宙间的真意，“此中有真意，欲辩已忘言”。

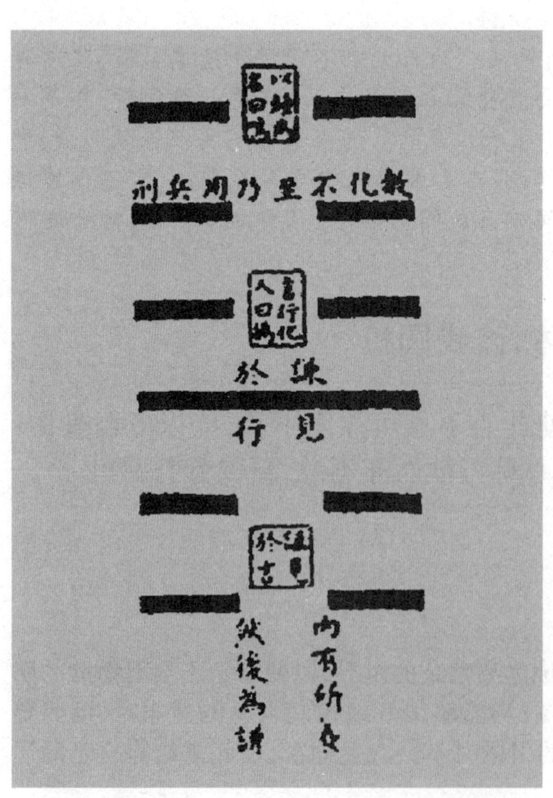

谦象图，出自宋·佚名《周易图》。此图描绘了《易经·谦卦》的卦象与卦义。

济节和衷，承功谦德

节义之人①，济以和衷②，才不启忿争③之路；功名之士，承以谦德④，方不开嫉妒⑤之门。

【注释】 ①节义之人：即忠义之人。节义，节操义气。

②和衷：指为人温和。

③忿争：忿，怒，怨恨；争，争斗。

④谦德：即谦虚谨慎的修养。德，道德，修养。

⑤嫉妒：忌妒。

【译文】 忠义之人，要加强对友

善恭顺的修养，这样才能避免和别人发生争斗；功名之人，要提高谦虚谨慎的修养，这样才不会招致他人的嫉妒。

【解评】 崇尚道义节气的人刚直不阿、疾恶如仇，但一不小心就容易走向偏激，过分固执强硬而缺少弹性。《孟子》上说："君子莫大乎与人为善。"所以平日刚正的人一定要注意培养自己温和诚恳的性格，否则一旦与人意见不合，就容易起争端。古语曰："君子泰而不骄；小人骄而不泰。"君子即使功成名就也不会桀骜不驯，目中无人。《易经》六十四卦中，其他各卦都有缺陷，只有"谦"卦的六爻全部都是吉祥的，可见"满招损，谦受益"这一真理的颠扑不破。功成名就的人要注意培养谦虚谨慎的性格，才不会招致旁人的嫉妒，自己也不会骄傲自大，最终偏离"道"的方向。

逆作忆信，非贤所为

害人之心不可有，防人之心不可无[①]，此戒疏于虑也；宁受人之欺，毋逆人之诈，此儆[②]伤于察也。二语并存，精明而浑厚矣。

【注释】 ①害人之心不可有，防人之心不可无：不能有害人的心，但也不能没有防人的心。害，使受损害。防，防备，提防。

②儆：让别人觉悟而不犯错。

【译文】 不能有害人之心，但要有防人之心，这是人们在思想上不能不考虑的问题；宁可受到别人的欺骗，也不要猜疑别人心存欺诈，这是人们在待人处世时的重要方法。如果一个人能按照这两条规则去为人处世，那么他一定是个精明又忠厚的君子，离成功也不会太远。

【解评】 《圣经》中说道：你们愿意人怎样待你们，你们也要怎样待人。冥冥昭昭之中，善恶自有报应。你希望别人与你为善，首先要对别人热忱坦率。对于没有足够了解的人还需有所防备，但"防人"并不是疑神疑鬼，而是不要轻易地相信盲从，遇事应有自己的判断，而不是因对方说了什么好话就轻易地相信他人。《论语·宪问》篇中记载："子曰：'不逆诈，不忆不信，抑亦先觉者，是贤乎？'"知道别人欺骗自己但并不给人难堪，而是以诚待人信任他人，有这样的胸襟气度，就是一个贤达之人了。

素淡明志，奢逸丧节

藜[①]口苋肠者，多冰清玉洁；衮衣[②]玉食者，甘婢膝奴颜。盖志以淡泊明，而节从肥甘丧[③]也。

【注释】 ①藜：灰菜，一种草本植物，叶子互生，茎直立，约呈三角形。嫩叶可吃，也可入药。在这里引申为粗茶淡饭。

②衮衣：古代公侯帝王穿的绣龙礼服。

③丧：丧失，失去。

【译文】 人格高尚的人都是以粗茶淡饭度日的，而锦衣玉食安享清福的人，大多

诸葛亮像，图出自明·天然撰《历代古人像赞》。

没有骨气。淡泊的生活可以使人意志坚强，而豪奢安逸的生活则会使人丧失气节。

【解评】 历史上因贫困俭朴建功立业，因奢侈败落的例子很多，如晋朝的石崇、宋朝的寇准，他们的生活都十分奢靡，然而石崇最后家破人亡，寇准的子孙后代也多数都穷困潦倒。司马光曾特地写下《训俭示康》一文，教育后代子孙要明白“成由俭，败由奢”的道理。物质与精神是相辅相成的，人总要吃饱穿暖才有余力去丰富精神生活，但任何事物都有个度，过了度就会适得其反。生活清贫的人，虽然在生活中经历的磨难相对较多，但有助于培养坚毅的性格，正确对待困难的心态和解决问题的能力。一味追求物质生活的人，心灵被过分的物欲所蒙蔽，就会忽略道德的修养与人格的磨炼，最终会因贪得无厌而走上邪路。正如诸葛亮所说：“非淡泊无以明志，非宁静无以致远。”

心事天青日白，才华玉韫珠藏

君子[①]之心事，天青日白，不可使人不知；君子之才华，玉韫珠藏[②]，不可使人易知。

【注释】 ①君子：古代时是指地位高的人，后来专指人格和品德高尚的人。

②玉韫珠藏：见陆机的《文赋》：“石韫玉而生辉，水怀珠而川媚。”韫，蕴藏，包含。

【译文】 君子的想法，要像蓝天白日那样，让人一眼就能看到没有不可告人的，然而君子的才华，要像玉石珍珠那样蕴藏于深山大海而一般人并不清楚。

【解评】 《论语》中说：“君子坦荡荡，小人常戚戚。”君子为人十分坦诚，没有什么不可告人的事情；小人则整天忧心忡忡，生怕别人看出他的心思。一个正直的人不会害怕让旁人知晓自己的想法，因为他的内心坦坦荡荡，好像蓝天白日，一切都是清清楚楚，没有什么好隐瞒的。一个真正有才华的人绝对不会到处张扬，正所谓“半瓶水晃荡，满瓶水不响”。自以为很博学的人，往往知道的并不多。学问越深的人越谦虚，他知道得越多，接触到的未知就更多，就不会沾沾自喜于自己有限的知识。所以真正大智慧的人都是内敛的，好像包在石头里的美玉、藏在蚌壳里的珍珠一样，旁人轻易无法知晓。

节义自暗室，经纶出深履

青天白日的节义，自暗室屋漏[①]中培来；旋乾转坤的经纶[②]，自临深履薄处操出。

【注释】 ①暗室屋漏：指别人看不见的地点，隐私的房屋。暗室，黑暗没光的房屋；屋漏，简陋的房间。

②旋乾转坤：指天地。经纶：指治理国家的才能和抱负。

【译文】 光明磊落的人格与节操，是在艰苦环境中磨炼出来的；渊博的知识和高深的才能，是从小心谨慎的处世方法中造就的。

【解评】 古话说："自古雄才多磨难，从来纨绔少伟男。"范仲淹两岁丧父，随母改嫁，幼时读书条件艰苦只能喝稀粥；司马光亦出生寒门；明代大学士宋濂家中一贫如洗；苏联作家高尔基曾经是个流浪儿；荷兰画家凡·高一生一文不名，生活上一直靠弟弟的接济；丹麦童话家安徒生出生于鞋匠家庭，从小衣不蔽体；居里夫人刚满十岁就去打工，供姐姐读书……富裕并不是坏事，但优越的物质条件往往容易腐蚀人的心灵和意志，所以说"无限朱门生饿殍，几多白屋出公卿"，高尚人格的优秀品质，都是从逆境中几经锻炼才塑造成形的。

去除心中冰，和气如春风

天运之寒暑易避[①]，人世之炎凉[②]难除；人世之炎凉易除[③]，吾心之冰炭[④]难去。去得此中之冰炭，则满腔皆和气，自随地有春风矣。

【注释】 ①避：躲开，回避。

②炎凉：原指夏季和冬季，后来引申为人情的反复无常。

③除：去掉，消除。

④冰炭：指冰与火，时冷时热，用来形容性质相反、水火不容的矛盾冲突。

【译文】 自然界的严寒酷暑容易躲避，但人世间的人性、反复无常的世态却难以消除；人世间的炎凉之态容易消除，但心中的炎凉之根源却难以消除。如果能去掉心中的炎凉之根源，则待人就会一团和气，自然就会感觉到处都是温暖的春风，心情舒畅。

【解评】 有的人活得就像一只刺猬，处处都对人有提防。卡夫卡有篇小说叫《地洞》，描写一个小动物，在地下挖了一个错综复杂的地洞来藏身，但无论怎样复杂的设计，还是不能让它觉得安心。这篇小说描绘的是在复杂的人际关系中缺乏安全感的人的心态。其实，说世态炎凉固然没有错，但那也是因为人人心中都有一面墙，把自己给封锁起来，而不能宽容地对待别人。如果能把这面墙推倒，用一颗宽容、平和的心来对待他人，那就会发现，一切都很和平，一切都很简单，都容易接受。化去心中的冰炭，一切都会很温暖，心情也会如浴春风般惬意。

欲厚其德，必先大识

德[1]随量[2]进，量由识[3]长。故欲厚其德，不可不弘其量；欲弘其量，不可不大其识。

【注释】 ①德：道德，品德。

②量：度量。

③识：见识，知识。

【译文】 品德会随气度的宽宏而增长，而气度的增长也受制于见识的增加。所以要提高品行，就要扩大气量，而要使气量宏大，就不能不通过努力来增加见识。

【解评】 古希腊哲学家苏格拉底被当时的人称为"最有智慧的人"，据说有人去神庙求神谕，女祭司回答说苏格拉底是最聪明的人。苏格拉底为了证明神谕的错误，走访了很多有智慧的人，结果发现这些人在某些方面的确非常聪明，但都因此以为自己无所不知。于是他明白了神谕真正的意义："在我看来，神不是真的说我最有智慧，而只是用我的名字做例子，仿佛对我们说：最具智慧的就是像苏格拉底那样，认识到在智慧方面实际上是不足道的。"苏格拉底有承认自己"一无所知"的气度，才有不断追求知识的激情，才能不断地接近智慧的人。

心伏降魔邪，气平慑外横

降魔[1]者先降自心，心伏则群邪退听；驭横[2]者先驭此气，气平则外横不侵。

【注释】 ①降魔：佛教用语。传说释迦牟尼在成佛以前，曾与魔王进行过斗争，并取得了胜利。后来常用作降服妖魔的典故。

②驭横：对强暴无理进行控制。

【译文】 要想降伏邪魔，先得控制自己的情绪，只要自己心志坚定，那么一切妖邪都会俯首退避；要想制伏蛮横之人，必须先要控制自己的脾气，心气平和才能不怒

释迦牟尼像，图出自《妙法莲华经》。此图描绘了释迦牟尼坐于莲台之上说法，上有华盖，后有神光，诸天菩萨环绕左右的情景。

自威，从而慑服一切外来的暴力。

【解评】 “不做亏心事，不怕鬼敲门”，若是为人心胸坦荡、处事光明磊落，即使半夜响起敲门声，也会无所畏惧地敞开大门，所以说“魔由心生”。对于性情暴躁的人，要压下他的戾气最好的方法就是冷静理智，就像柔软的水能磨平尖利的岩石一样奇妙。“有理不在声高”，一般声势嚣张的人多是因为心虚。自己做到心平气和，在气势上就先胜了一筹，结局自然可想而知。

智慧照妖，魔鬼无踪

胜私制欲之功[①]？有曰识[②]不早、力不易[③]者；有曰识得破、忍不过者。盖识是一颗照魔的明珠，力是一把斩魔的慧剑[④]，两不可少也。

【注释】 ①胜私制欲之功：胜，战胜，制，防止，约束。功，功夫。

②识：领悟，认识。

③易：做起来不费事的。

④慧剑：利剑，是指可以斩断一切痛苦烦恼的智慧。

【译文】 战胜私心防止私欲的技巧是什么？有人说对其领悟过晚、力所不能及；有人说虽然看得明白，但无法控制自己。看来见识为一颗照妖的明珠，而自制为一把斩魔的利剑，两者均不可缺少。

【解评】 私心和欲望大概是潘多拉的盒子里最可怕的两个魔鬼，稍一松懈，就会侵入人的心灵。想要降服这两个魔鬼，不仅需要清明的心念，能看清私心与欲望的诱惑，还需要有坚强的意志和顽强的毅力，能够抵挡强大的诱惑，两者缺一，都难以抵抗引诱。生活中这样的例子不胜枚举，有人明明知道接受贿赂违反法规，但看到大叠的钞票还是忍不住伸出手去，这一伸就是罪恶的开端。人一旦被私欲蒙住了心灵，就沦为欲望的奴隶，最终埋藏自己的灵魂永远地失去幸福。

谨慎言行，执著不舍

不可乘喜而轻诺[①]，不可因醉而生嗔[②]；不可乘快而多事，不可因倦而鲜终[③]。

【注释】 ①轻诺：轻易地许愿。诺，答应，应允。

②生嗔：生气。嗔，生气，埋怨。

③鲜终：少有的结果，半途而废的意思。

【译文】 不要因心里高兴而轻易向人许诺，不要因喝醉酒而惹是生非；不要因心血来潮而多管闲事自找麻烦，不要因厌倦而将事情半途而废。

【解评】 南唐谭峭在《化书卷四·仁化·得一》篇中说：“信者，成万物之道也。”诚信是做任何事情的首要条件。如果自己做不到就不要轻易承诺，做人要讲信用；《管子·心术下》中说道：“行不正则民不服。”自己的行为不正派，别人心里就不服气。如果因为醉酒而放纵自己、招惹是非，那么平日的形象再怎么端庄也没用；宋朝李霖的《道德真经取善集》中说过："履千险而不失其信，遇万折而不失其东。"意思是说流水经历千难万险而不失入海之诚信，遭遇千回百折而不改东流的方向。成功的秘诀之一就在执著。

动心忍气，穷且志坚

横逆[①]困穷是锻炼豪杰[②]的一副炉锤[③]。能受其锻炼则身心交益；不受其锻炼则身心交损。

【注释】 ①横逆：灾祸，灾难，指不顺心的事情。

②豪杰：指才能出众的人。

③炉锤：指熔炉和铁锤，即锤炼的意思。

【译文】 逆境与贫困，如同造就英雄豪杰的熔炉与铁锤。只要经得住这种考验，一定受益匪浅；如果经不起这种磨炼，那么在精神上、肉体上都会受到损害。

【解评】 法国诗人苏利·普吕多姆是第一届诺贝尔文学奖获得者，他曾这样说："珍惜奋力忍受痛苦的荣耀，正如士兵珍惜为其点缀胸口的伤疤一样。"可见贫困是一笔值得我们珍惜的财富。俗话说："穷则思变，变则通，通则久。"越是身处逆境，越是能激发起人的上进心，有志者面对逆境"穷且益坚，不堕青云之志"。如西方一位哲人所说："愿意的人，命运跟着走；不愿意的人，命运拖着走。"磨难就像一座学校，丧失斗志的人不能通过考试，最终只能被淘汰；能够经历考验的人恰如古人所说："天将降大任于斯人也，必先苦其心志，劳其筋骨，饿其体肤，空乏其身，行拂乱其所为，所以动心忍性，增益其所不能。"

勿为小恶，忽略小善

欲路[①]上事，毋乐其便而姑为染指[②]，一染指便深入万仞；理路[③]上事，无惮[④]其难而稍为退步，一退步便远隔千山。

【注释】 ①欲路：欲望、欲念。

②染指：比喻分取非分的利益。

③理路：指道理、真理、义理。

④惮：害怕、畏难。

【译文】 涉及欲望的事，不要觉得有趣就随便去做，只要有了开头便投入其中难以自拔，最终必然堕入深渊；遇到有益品德的事，不要因困难而退缩，否则就不够正义。

【解评】 三国时刘备曾这样对儿子说："勿以恶小而为之，勿以善小而不为。"事物之间的联系极其微妙，表面看上去即使不相关的事物之间，实际却有着千丝万缕的微妙联系，如同混沌学里的"蝴蝶效应"说，亚马孙河流域热带雨林中一只蝴蝶偶尔扇动几下翅膀，就可能在太平洋上引发一场风暴。“千里之堤，溃于蚁穴”，很多小事看起来无足轻重，但是，一旦形成习惯就很难再纠正过来。古人很是懂得从小事培养人的品质，比如“一屋不扫，何以扫天下”、“齐家、治国平天下”……我们每天碰到的事情大多是琐碎的小事，正是在这些小事中才能体现出人的真性情。对于小恶，我们要防微杜渐；对于小善，我们切不忽略，要知道它就是踏向真理的第一步。

蜀先主刘备像，图出自明·天然撰《历代古人像赞》。

立身需高，处世需深

立身不高一步立，如尘里振衣[①]、泥中濯足[②]，如何超达？处世不退一步处，如飞蛾投烛、羝羊触藩[③]，如何安乐？

【注释】 ①振衣：指拍打衣服。

②濯足：即洗脚。濯，洗涤。

③羝羊触藩：是指公羊的角挂在了篱笆上而无法抽出来，用来比喻办事进退两难的样子。

【译文】 做人如不能用较高的标准来要求，就像在有灰尘的地方拍打衣物，在泥水里洗脚，怎么可能超脱凡俗？为人处世如不能急流勇退，就像飞蛾扑火、公羊撞篱，怎么可能会安逸快乐？

【解评】 要想成就大事，首先必须要有远大的志向。三国时诸葛亮就说过：志当存高远。高标准严要求才能出好品质，如果只以普通人的标准要求自己，怎能进入超脱凡俗的境界？虽然不是每个人最后都能出人头地，但只要一直向自己的目标努力，即使没有成功，也能达到不俗的境地。陆游有诗云：壮心未与年俱老，死去犹能做鬼雄。所以做人应该有大志向，“三军可夺帅也，匹夫不可夺志也”。追寻大志向的人不会争执于小事，要知道“忍得一时之气，免得百日之忧”。世事如棋，让一着不为亏我。心田似海，纳百川方见容人。

宁空勿溢，宁缺勿全

欹器[①]以满覆，扑满[②]以空全。故君子宁居无不居有，宁处缺[③]不处完。

【注释】 ①欹器：是一种倾斜易覆的器皿，用来放在座位旁边使人警戒的礼器。

②扑满：用来存钱的器皿，瓦制的。

③缺：即缺少的意思。

【译文】 汲水的欹器，当装满水后便会溢出来；装钱的扑满，当钱储满后就要被砸破。因此，君子宁可一无所有也不要富贵加身；宁愿抱残守缺磨炼意志，也不愿万事完满而生骄怠之心。

【解评】 作为人谁都喜爱追求完美，世界变幻莫测，若有一件东西是完美的，那再变动一下就不是了，所以事实上没有十全十美的东西。我们应当学会接受残缺并发现残缺之美，比如断臂的维纳斯。我们也应当学会发现残缺带来的美丽与幸福，好像含沙的蚌，最后却能孕育出璀璨的珍珠。庄子在《人间世》中说了一个故事：有个叫支离疏的人，脸长在肚脐下，肩膀比头还高，五官长在头顶上，两边的大腿骨和肋骨夹在一起。他帮别人缝补洗刷，就能养活自己。国家征兵征税的时候没人找他，官府救济贫困的时候他还能得到三钟米和十捆柴。支离疏离我们完美的要求相去甚远，但他能过着富足的生活，安然地享受天赋之寿，这却是许多追求完美之人求而不得的。

就一身了一身，还天下于天下

就一身了[①]一身者，方能以万物付[②]万物[③]；还[④]天下于天下者，方能出世间于世间。

【注释】 ①一身：即自身。了：懂，明白。

②付：给，交给。

苏轼像，图出自明·天然撰《历代古人像赞》。

③万物：指宇宙间的一切人和物。万，形容数目很多。

④还：归还。

【译文】 能够跳出自我来看待自我的人，才能使万物按照自己的要求去发展，使之各得其所；能够把天下还给天下人的人，才能够真正做到身处尘世，而超然物外。

【解评】 苏轼在《超然台记》里吟道："人之所欲无穷，而物之可以足，吾欲者有尽，美恶之辨战于中，而去取之择交乎前者，则可乐者常少，而可悲者常多。"如果"游于物之内"，则心为物役，必为其所累。"以见予之无往而不乐者，盖游于物之外也。"人的欲望是个无底洞，而外物有限，若是沉溺其中，则不得解脱。只有以我役物，"游于物之外"，方能洒脱地面对生活。天高地迥，觉宇宙之无穷;古往今来,感时光之无常。人生苦短,不要用牢笼束缚自己,自寻烦恼。何不上效长空之开阔,下法大地之包容,品味人生之机趣而不为红尘所羁绊。

忧勤勿太苦,淡泊勿太枯

忧勤[①]是美德,太苦则无以适性怡情[②];淡泊是高风,太枯则无以济[③]人利物。

【注释】 ①忧勤:为国事烦虑而勤劳,指费心尽力去做事情。

②怡情:使心情快乐舒畅。

③济:接济。

【译文】 忧国忧民,勤奋工作固然是一种良好的品德,但是如果过分清苦劳累就难以培养高雅的性情;淡泊无欲本是高洁的情操,但如果过分刻板便会难以与人接触,难以接济他人、改造社会。

【解评】 中国传统的儒家文化讲究中庸之道,虽有其弊端,但一般说来,它主张中和、不走极端这一点意义匪浅。什么事情都要有个度,也就是所谓的“过犹不及”。忧虑国家大事,努力工作当然是好事,可过分忧虑劳累,只能让自己形容枯槁,心性贫瘠。如果一个人所有的时间与精力都被工作占据,哪里还有空闲去散步、出去游玩,或者做一顿可口的饭菜;工作是很重要,是自我价值的体现,但路边的风景、傍晚的微风,是这世界赐予我们最宝贵的礼物,错过了这些,就太可惜了。心性淡泊自然可以让你不为物欲所惑,但过分刻板就失去了淡泊的本质,只能让你疏远社会。一个人不能帮助朋友,不能贡献自己的力量,不也是一种痛苦吗?

知足常乐,不怠进取

事稍拂逆[①],便思不如我的人,则尤怨[②]自消;心稍怠荒[③],便思胜似我的人,则精神自奋。

【注释】 ①拂逆:不顺利,违背。

②尤怨:将失败归咎于命运和他人。

③怠荒:精神委靡不振,性情懒惰。

【译文】 当遇到挫折而不高兴时,就想想那些比不上自己的人,这时心中的不快就会慢慢自己消除;在思想上产生松懈情绪时,就想想那些能力比自己强的人,这时精神就会立刻感到无比振奋。

老子像,图出自明·天然撰《历代古人像赞》。

【解评】 《老子》曰："知足不辱，知止不殆，可以长久。"知道满足就不会受到羞辱，人要有知足之心，不能贪得无厌。山外有山，计较起来会没完没了，觉得自己什么都比不过别人、事事不如意的时候，不如换个角度，自己身上也一定有别人比不上的地方，这样想就会宽慰许多，知足者长乐！但在精神上却不能以此安慰自己，否则就变成了自满。自满是精神的麻醉药，时间长了就会失去上进心。当感到自己懒散的时候，就要想想还有许多优秀的人，以此来激励自己奋发向上。不满足是前进的车轮，只有常持不满足之心，人才能不断进步。

少言毋躁，宁拙毋巧

十语九中，未必称奇；一语不中，则愆尤[①]骈集[②]。十谋九成，未必归功；一谋不成，则訾议[③]丛兴。君子所以宁默毋[④]躁、宁拙毋巧。

【注释】 ①愆尤：指责归咎。

②骈集：聚会。骈，并合，并列。

③訾议：指责，非议。訾，指责，诋毁。

④毋：不。

【译文】 十句话中有九句都说对了，不足为奇；如果一句话说得不对，那么各种指责就会一齐拥过来。献计十条有九条都获得成效，未必会归功于你；假如有一计未能奏效，则各种毁谤都会袭来。因此，君子宁愿沉默而不多言，宁显笨拙而不卖弄。

【解评】 生活中难免有猜疑和嫉妒，你做得越是出色，旁人就越会挑剔你的毛病。再优秀的人也会犯错误，而身旁的小人就会揪住你的错误不放，其夸大其词，以此证明你不过是个平庸之人。所以说得多不如做得多，俗话说："祸由口出"，说者无心听者有意，在你是无心的一句话，到了别有用心的人那里没准就大有文章可做。做得多但忌锋芒毕露，"木秀于林，风必摧之"。即使是自己的功劳，也要分些与人，毕竟人无完人，再优秀的人也要旁人的协助才可取得成功，正如歌德所说："我不应把我的作品全归功于自己的智慧，还应归功于我以外向我提供素材的成千成万的事情和他人。"

贪念一丝，万劫不反

人只一念[①]贪私，便销刚为柔，塞智为昏，变恩为惨，染洁为污[②]，坏了一生人品。故古人以不贪为宝，所以度越[③]一世。

【注释】 ①一念：瞬间的念头，短暂的想法。

②污：玷污。

③度越：度过，超越的意思。

【译文】 人只要私心膨胀，即使再刚烈的性格也会变得柔弱，丧失理智而头脑发昏，把恩人当做仇敌，人品被玷污，结果因小失大，使名声扫地。所以古代贤人认为不贪婪是一种美德，单凭这一条就可以终生无忧。

【解评】 一旦人起了私心，贪欲进驻了心灵，那么不论怎样的恶都可能生得出来。贪婪的人是不自知，觊觎超出自己能力范围以外的东西，觊觎不属于自己的东西。凭借自己的能力得不到，自然要走歪门邪道，偷抢扒拿、杀人越货、以权谋私、铤而走险……一旦被贪婪控制了心灵，人就不再是真正意义上的人了，只是个为物欲操纵的躯壳，比动物还要不如。动物受本能驱使，但只取生存所需，不会为满足过分的欲望暴殄天物。电影《本能反应》中的黑猩猩远比贪婪无度的人类可亲可爱，它们平时吃植物，只在特定的时间猎食，吃对于它们来说只为果腹，不会为欣赏其他动物死前的恐惧而残酷猎杀。从这一点来说，人类该向动物学习。

良药苦口，忠言逆耳

耳中常闻逆耳之言[①]，心中常有拂心[②]之事，才是进德修行的砥石。若言言悦耳，事事快心，便把此身埋在鸩毒[③]中矣。

【注释】 ①逆耳之言：不顺耳的话。逆耳，（一些尖锐中肯的话）听起来使人觉得不舒服。

②拂心：不顺心，不称心。

③鸩毒：一种毒酒，是用鸩鸟的羽毛制成的。

【译文】 多听不好听的话，常想些不顺心的事，这样才能激励自己不断加强道德修养，培养高尚的品行。如果所听到的话都十分入耳，所遇到的事都称心如意，那就等于把自己浸泡在毒酒中，跟自杀没有区别。

【解评】 荀子曾说："生于忧患，而死于安乐也。"曾经美国的一个自然保护区为了保护一种珍稀的鹿，捕杀了当地所有的狼、豹等动物。那些鹿没有了天敌，生活十分安逸，整天除了吃就是睡，体质逐渐下降，很容易就死于一些小病。这正是"死于安乐"呀。人们发现这个问题之后，又特地"引进"了鹿的天敌，这些鹿为了摆脱猎食，不得不整天奔跑，逐渐又恢复了原先的体能。我们在生活中也是一样，"良药苦口利于病，忠言逆耳利于行"，"忠言"是真正关爱你的人才会提醒你不要丢掉忧患意识，也许刺耳，但却是助你成长的良方。外部有压力的时候，才能激起人内在的潜能。如果有人总是顺着你的心意，说你想听的好话，那只是为了消磨你的斗志，最后的结果可想而知。想想那些奔跑的鹿吧。

张弛有度，文武之道

念头昏散[①]处，要知提醒[②]；念头吃紧处，要知放下。不然恐去昏昏[③]之病，又来憧憧[④]之扰矣。

【注释】 ①昏散：迷惑散乱。昏，头脑迷惑。散，由聚集而分离。

②提醒：从一旁指引，促使注意。

③昏昏：头脑迷惑。

④憧憧：指心神不安定的样子。

【译文】 当思想怠慢注意力不集中时，要提醒自己打起精神振作起来；当注意力高度集中苦思冥想时，要知道让自己加以放松。否则就怕刚从昏昏沉沉的状态中解脱出来，马上又陷入紧张繁忙的思虑之中。

【解评】 子曰："张而不弛，文武弗能也。弛而不张，文武弗为也。一张一弛，文武之道也。"适度的紧张和适当的休闲是生命必不可少的两个方面。适度的紧张可以增强大脑的兴奋程度，提高大脑的生理功能，使人思维敏捷，反应迅速，促进身体新陈代谢，使人更有活力。休闲对紧张来说则是一种休整、补充和准备，养精蓄锐，为下一轮的紧张做准备。一味的紧张就好像不断拉紧的皮筋，绷到极限，只能"砰"的断掉。但终日懒散就会让自己的神经彻底松弛，等想要绷紧的时候已经失去了弹性。一张一弛，劳逸结合，才是合理的生活节奏。

多过勿羞，无过则忧

泛驾[①]之马，可就驰驱[②]；跃冶之金，终归型范。只一优游不振，便终身无个进步。白沙云："为人多病未足羞，一生无病是吾忧。"真确论[③]也。

【注释】 ①泛驾：翻车，这里是指车不容易控制。泛，漂浮，此指难控制。

②驰驱：驰骋。驰，赶着马儿快跑，驱马追逐。驱，鞭马疾行。

③确论：指精当确切的言论。

【译文】 难以驾驭的烈马，可以驰骋千里；翻腾的铁水，最终还得铸成器物。做人如果贪图安逸，便会精神不振，永远不可能成就大事。白沙（即明代学者陈献章）说："做人不怕有缺点错误，一生安然无过才是我最大的心病。"这话说得很有道理。

【解评】 林孟平是香港心理辅导专家，他说话很特别，对于我们习惯称之为"缺点"的，她不称其为"缺点"，而是称为"局限性"。人类一直都在追求完美，而事实上，正是世间不存在完美的事物，才会激起人的向往。万事万物都有自己的优点，也都有自己的"局限性"，都是客观存在。所以不需要以自己的"局限性"为耻，也许这正是自己的特色所在。只有坦然地面对自己的"局限性"，才能明白如何发扬自己的长处，怎样改进自己的短处，只有这样人才能不断进步。

出淤泥而不染，近智巧而不受

势利[①]纷华，不近者为洁[②]；近之而不染者为尤洁。智巧机械[③]，不知者为高；知之而不用者为尤高。

【注释】 ①势利：即权势利益。

②洁：清洁，这里是高尚的意思。

③智巧机械：指运用心机权术。

【译文】 对于权势利益，不去追逐者可以说是高尚的；本来容易获得但却不以此为荣者可以说是极其高尚的。对于心机权术，不去了解者可以说是高尚的；知道使用它们能带来好处而不去用的人可以说是极其高尚的。

【解评】 一个人如果不求功名利禄，不恃权贵，可以说是个君子。一个在权势利益包围中的人，荣华富贵唾手可得，如果仍能坚持自己的操守，就更是难能可贵。荀子说过："蓬生麻中，不扶而直。白沙在涅，与之俱黑。"可见环境对一个人心性的影响有多大。苏武牧羊的故事大家都耳熟能详，匈奴王以官位和荣华利诱他，他不为所动；让他去冰天雪地牧羊，用艰苦的生活折磨他，他仍然坚贞不屈；又派与他同时出使、已经投降了匈奴的李陵去劝降……这些都没有动摇苏武的坚定信念。坚持自己的操守也许不难，难的是在充满诱惑生活中能始终保持一颗赤子之心。

苏武像，图出自清·顾沅辑《古圣贤像传略》。苏武出使匈奴被扣留，坚贞不屈，十九年后得以回归汉朝。

恬淡适中，刚柔有度

清能有容，仁能善断，明不伤察，直不过矫。是谓蜜饯[①]不甜，海味不咸，才是懿德[②]。

【注释】 ①蜜饯：用蜂蜜或浓糖浆浸渍的果品等。
②懿德：即美德。懿，美好。

【译文】 清廉而能容人，仁爱而善于决断，聪明而不忘调查研究，耿直而又通情达理。这就好像说蜜饯虽甜而不腻，海味咸淡适宜，才是美德。

【解评】 任何事物都有正反两面，有所长就有所短，或者说，其中的一面是催进它继续生存发展的，另一方面则会阻碍它的前进，人的性格亦是如此。每个人都希望做个清醒理智的人，但清醒理智亦有它的局限性，"人至察则无徒"。所以，即使是好的方面，也不能没有节制地发展，否则终会走向它的对立面，变成了阻碍事物发展的那一方面。在修德时，亦要重视这一问题，不要让好的品德变成了阻碍。理性的人要提防失去弹性，温和的人要谨防优柔寡断，耿直的人要学会宽容他人……如此才能不断地提升自我。

阴谋怪习,扰乱世态

阴谋怪习,异行奇能,俱是涉世[1]的祸胎[2],杀身的利器。只一个庸[3]德庸行,便可以完混沌[4]而召和平。

【注释】 ①涉世:指经历世事。涉,经历,通过。

②祸胎:指祸根。

③庸:平凡,平庸。

④混沌:浑然一体的样子。在本文中其是指使人的本性能够得到保全。

【译文】 对于爱施阴谋诡计,行为诡异性格怪僻的人来说,他们的做法可能会成为待人处世时招祸的起因,杀身的利器。其实只要做一个普通平凡的人,就能保证天性质朴,平安无险。

【解评】 喜欢标新立异、特立独行的人,大多是想引起别人的注意,从而造成些轰动的效应,以达到他们的目的。尤其是城府很深,钻营算计的人,一旦目的无法达到,就可能采取更为激烈的手段,这样就难免要伤害到很多普通而善良的人。其实生活幸福的往往是那些最为普通平凡的人,虽然没有过人的智慧、骄人的本领,但也没有过分的欲望和虚荣心;不会嫉妒别人的成就,也不会生害人之心;不想建功立业名垂青史,只求平平淡淡,最微小的收获对他们来说却是生活的馈赠,"知足常乐"在他们身上得到了最为透彻的体现。

事随心开而开,事随心翳而翳

怒雨疾风,禽鸟戚戚[1];光风霁日,草木欣欣[2]。或见天地不可一日无和气,人心不可一日无喜神[3]。

【注释】 ①戚戚:忧愁,悲哀。《论语》:"君子坦荡荡,小人长戚戚。"

②欣欣:形容草木茂盛的样子。

③喜神:乐观、高兴的心情。

【译文】 当狂风暴雨来临时,鸟类就会惶惶不安;风和日丽时,草木也会充满生机。可见天地间一天也不能没有和煦的气氛,人的内心一天也不能失去乐观的情绪。

【解评】 有一个小故事:一个老妇人总是忧心忡忡,于是旁人问她为什么,她说:雨天,卖香的小女儿就没法晒香;晴天,卖伞的大女儿就没有生意。别人劝她说:雨天,买伞的人就多,大女儿的生意就好;晴天,小女儿就能多晒香。老妇人听后感悟颇深,从此无论是晴天还是雨天,都会很高兴。人的精神力量有多大?总以悲观的心态对待生活,就会觉得事事不如意。如果像故事中的老妇人一样,换个角度思考问题,也许看到的一切都大大改观。所谓"心开事事开心,心翳事事翳心",在心胸豁达、乐观开朗的人眼中，就没有什么过不去的坎。我们应当随时调整自己的心态，积极乐观地面对生活，自然能活出快乐的每一天——心念一转，悲喜一念间。

持身勿轻，用意勿重

士君子持身①不可轻，轻则物能挠②我，而无悠闲镇定③之趣；用意不可重，重则我为物泥④，而无潇洒活泼之机。

【注释】 ①持身：修身，立身，来形容做人的态度。

②挠：阻止，干扰。

③悠闲镇定：悠闲，闲适自得。镇定，遇到紧急情况而不慌张。

④泥：拘束，拘泥，束缚。

【译文】 作为君子在立身处世时不能有轻浮的举动，如果轻浮就会受外界因素的干扰，从而失去从容娴雅的情趣；对任何事物也不能看得太重，这样就会被束缚而心力疲惫，从而缺少洒脱活泼的生气。

【解评】 为人处世要注意“用心”。用心才会认真对待问题，尽力寻找解决途径，如同下棋，一着轻率则全盘皆输。尤其对于小事掉以轻心是人的通病，也许因太过自负，或者将问题想得太简单。其实世间万物千变万化，看起来大体相似的问题还是有细微的差别的，而这细微的差别很可能是决定性的。若不用心分析，就可能错误估测对象，接踵而来的即是错误的判断与错误的方法，结果可想而知，在此过程中人也会处于极其被动的地位。“执著”一词原为佛教用语，指对某一事物坚持不懈，不能超脱，后来泛指固执或拘泥。对待事物太过执著，就失去了超越的可能，结果人为物役，人为形役，除了让自己的身心皆疲惫不堪，更体会不到生活的多彩多姿。

淡即真味，常即主人

酞①肥②辛甘非真味，真味只是淡；神奇卓异非至人③，至人只是常。

【注释】 ①酞：味浓的酒。

②肥：肥美，肥厚。

③至人：道家指超凡脱俗、达到了无我境界的人，通常泛指道德修养或思想意识达到了顶点的人。

【译文】 醇酒、肥肉、辛辣、甘甜，都不是理想的味道，真正的滋味为清淡；有着神奇本领的人不是完美者，完美的人是含而不露的平常人。

【解评】 在回忆孩提时代的文章中，周作人曾提到过故乡的酒店里只有些花生、豆腐干之类简单的小菜，没有一点荤腥。他写道：“此皆是极平常的食物，然在朴素之中自有真味……或亦可见酒人之真能知味也。”真正品尝酒的人，只以最朴素清淡的小菜相配，这样才不会影响酒在口中的味道，才能领会“酒中有深味”。做人亦是如此，中国的老庄哲学推崇“大音希声，大象无形”，真正的智者是与天地合一的，即《道遥游》中说的“至人无己”，君子就好像璞玉，外面看起来是普通的石头，里面却包藏着晶莹的美玉。

以退为进，以屈为伸

藏巧于拙[①]，用晦而明；寓清于浊，以屈为伸。真涉世之一壶[②]，藏身之三窟也。

【注释】 ①拙：笨。

②一壶：壶即葫芦，意思是船在河中心翻沉时，一个葫芦便是溺水之人的救命法宝。这里指为人处世的一种手段。

【译文】 用笨拙掩盖机巧，将聪明用愚笨掩盖；将清澈用污浊掩盖，将伸张以忍让掩盖。这是在险恶人世中的三个有效避难方法。

【解评】 《老子》曰：“不自矜，故长。不自见，故明。不自是，故彰。不自我，故有功。”意思是说不自高自大，所以能保持长久。不自我表现，所以别人能理解你。不自以为是，所以能是非分明。不自我夸耀，所以才有功劳。聪明的人如果锋芒毕露就会招致旁人的猜忌，清高的人傲慢不逊只能与世人疏远。以退为进，以屈为伸是生活中的一大智慧，不仅可以达到自己的目标，又可与周围的人相与为善。人生不可能处处一帆风顺，万一遇上风雨骤起，平日播下的善缘就能收回意想不到的果实，也许就是渡河时的舟楫，也许就是落水时的浮板。

无事宜寂寂，有事宜惺惺

无事时心易昏昧，宜寂寂[①]而照以惺惺[②]；有事时心易奔驰[③]，宜惺惺而主以寂寂。

【注释】 ①寂寂：指寂静而没有声音的样子。寂，寂静。

②惺惺：清醒，机警。

③奔驰：指车马很快地跑，这里引申为分心的意思。

【译文】 当清闲无事时思想容易松散，这时应该在闲逸的状态下保持头脑清醒；当事务繁忙时思想容易分心，这时应该在用心专一的状态下保持一份镇定从容。

【解评】 当人过于安逸，就容易神思涣散心念迷乱，如果一味沉溺于闲散安逸，就容易松懈斗志丧失警惕，一旦发生意外，只能措手不及。所以在闲散的时候也应保持一点谨慎，出现任何问题都能应对自如，繁忙的时候一直保持紧张的状态，精神容易疲劳，也容易亢奋，都不利于合理地处理事务，这种时候要保留些雍容的心态，“泰山崩于前而面不改色”，这才是做大事的气魄。故君子要有自控能力，不沉溺于安逸，亦不为外物所左右，任何时候都能把握住自己，这样才能成就大事。

勿形人短，勿忌人能

毋偏信[①]而为奸[②]所欺，毋自任[③]而为气所使。毋以己之长而形人之短[④]，毋因己之拙而忌人之能。

【注释】 ①偏信：即偏听偏信，意思是只相信一方面。

②奸：奸人，坏人。

③自任：指刚愎自用。

④短：短处，缺点。

【译文】 不要轻易相信他人，以免被坏人蒙骗；不要刚愎自用，以免被个人感情所驱使；不要用自己的优点去比别人的缺点；也不要因自己的不足而嫉妒别人的才能。

【解评】 只听一面之词就片面下结论，只能说明你是个轻妄之人；只凭自己的感觉行事而听不进别人的意见，只能表现你的自以为是；用自己的所长笑话或攻击他人的所短，只能表明你的小人之心；因自己的短处而嫉妒旁人的才能，只能显示你的浅薄幼稚。尺有所短，寸有所长。人无完人，你有别人比不上的长处，自然也有比不上别人的短处，所以无须嫉妒别人的才干，也许旁人正羡慕于你的能力；用自己的长处攻击别人的短处无疑是最愚蠢的行为之一，若是对方立刻反唇相讥，以自己的长处笑话你的短处，你就只能哑口无言了；谦虚谨慎是成功的前提，虚心听取旁人的意见，全面地收集资料，这是你迈向成功的第一步。

精神万古长存，气节千年不变

事业文章，随身销毁，而精神万古如新；功名富贵，逐世转移，而气节千载一日[①]。君子信[②]不当以彼易此也。

【注释】 ①千载一日：指千年如一日。比喻处在永恒不变的位置上。

②信：确实。

【译文】 事业文章，会随着人的消亡而被毁弃，但人的崇高精神却可以永垂不朽；功名富贵，会随着时间的推移而有所变迁，而值得骄傲的气节却永恒不变。因此，君子不应当抛弃前者而追求后者。

【解评】 《神仙传》里有一个故事：仙女麻姑与仙人王访平相见，说："自从上回相见以来，已经看到东海三次变为桑田。刚刚到了蓬莱，感觉海水只有以往的一半深，不久也要变成陆地了。"这就是"沧海桑田"的传说。沧海桑田的流转之间，功名富贵，事业文章，被岁月的流水不断冲刷而日益消逝，怎么可以长久留存呢？天地之灵气而已。君子正是以天地之道为修身之准则，故能随悠悠天地流传的只有君子的精神和节气，两相比较，取舍自在其间。

【解悟】

不以物喜，追求完美

坚持统一楚国的理想，不为腐朽的贵族所容的屈原，遭到诬陷，被楚怀王疏远。屈原被放逐后，在江边吟唱道：“举世皆浊我独清，众人皆醉我独醒。”自古圣贤皆寂寞，只因他们洞察了世间的丑陋污秽，仍然坚持自己的良知和骨气，不愿与世俗同流合污。

人生短暂，岁月永恒。趋炎附势，贪图眼前利益而不顾名节的人，虽然可以获得一时的荣耀，却永远也逃脱不了为后人耻笑和谴责的命运。

像明朝的严嵩、魏忠贤和清朝的和珅等人，都是倚仗权势作威作福的佞臣，最后都落得身首异处、凄凉万古的悲惨下场。相反，那些推崇高风亮节、义胆忠心、高尚道德的人，却能流芳百世。像西汉的苏武、南宋的岳飞、文天祥，近代的谭嗣同等人，就是这方面的杰出代表。

我们现代生活中，一些人在商品经济大潮中丧失原则，腐化堕落，最终被绳之以法，遭人不齿，这与那些为了美好的革命理想，坚贞不屈、英勇献身、浩气长存的伟人，不是形成了鲜明的对比吗？这些值得我们深思。

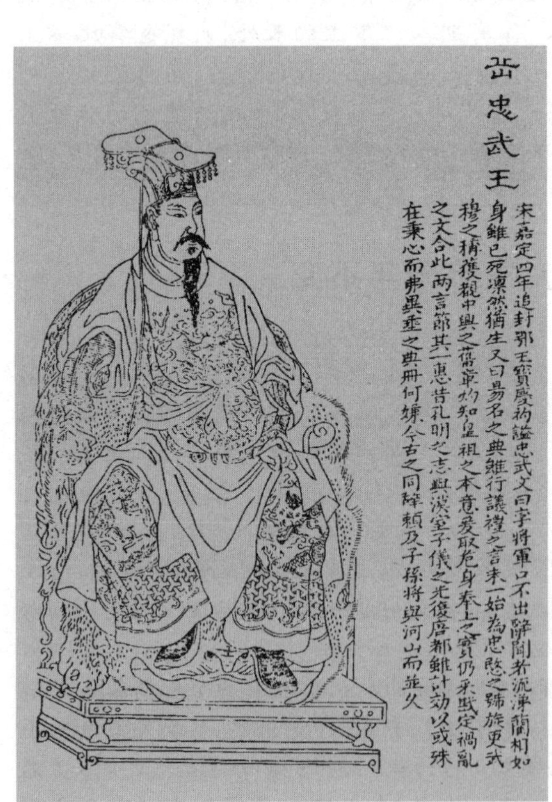

岳飞像，图出自清·上官周绘《晚笑堂画传》。岳飞是南宋名将，宋嘉定四年被追封为鄂王，谥忠武。

国外有位民族英雄带领人民揭竿而起，推翻了专制统治而成立民主政府。国会成立之后，第一项议案便是讨论要在首都中央公园内，为这位民族英雄立一座铜像。该议案立即获得全数通过。

国会议员中有一位是这位民族英雄的好友，他等不及会议结束便匆匆赶到民族英雄的家中，向他报告了这个好消息。

这位民族英雄听后也是大喜过望，忙问道：“真有这么好的事？他们要为我立铜像？你知不知道他们打算花多少经费去建这座铜像？”

朋友答：“大约是两亿里拉左右，可真是一笔大数目，不是吗？”

民族英雄忙道：“两亿里拉！太好了，趁他们还没散会，你赶快回去告诉他们。不用建那铜像了，只要盖基座就好，两亿里拉给我，我每天到中央公园去，站在那儿让民众瞻仰就行了。”

金钱本身并无善恶之别，主要在于使用金钱的人如何来运用它。金钱可以购买军火、毒品；同样也能够用来建造医院、教堂。赚取庞大数目的金钱，并不是罪恶，要看握有金钱资源的人们具备何种观念。

所以，在我们踏上成功的起点，决心全面改变自己，去赚取更多金钱之际，先要明白金钱是好的，要确保它是在好人手中。尚未赚得财富之前，要先订下存钱的目标，否则即使收入丰裕，但入不敷出，仍要负债。最后，订下目标，不用怕数目太过庞大。只要你的用途是正确的并付诸行动去创造财富，上天即会逐次将你所需的金钱交付于你。

与其曲谨，不若疏狂

当今社会，追求成功的人们在千方百计地“修炼”技巧，许多人以为用尽机巧，就可以取得成功。其实不然，诚如《菜根谭》所说，是“涉世浅，点染亦浅”而已。所以，无论是练达还是拘谨，如果你内心挂牵过多，瞻前顾后，亦步亦趋，倒不如率性而为纵情狂放。这样，反而可以让别人放心用你。

郦食其是秦末陈留高阳人，从小家境贫寒，但他喜欢读书，乡里称他是“狂生”。沛公刘邦率领起义军经过陈留，郦食其闻讯赶来，送上自己的名帖说：“高阳小民郦食其，听说沛公率兵讨秦，想和您共议天下事。”侍者通报。刘邦正在洗脚，便问来人的长相，侍者回答：“长得像是一个很有学问的人，穿戴也确实是儒生打扮。”刘邦说：“我不想见这样的人。说我没空接待儒生。”侍者如实转告。郦食其瞪着大眼，按着剑呵叱：“去！再转告沛公，我乃高阳酒徒，绝不是儒者！”侍者听到这句话，吓得名帖落地，慌忙捡起，连忙跑回禀报：“来客真算得上是天下壮士！自称是高阳酒徒，拿着剑威胁我，臣恐惧得竟至名帖失落！”刘邦顿时脸色大变，连忙擦足，扶杖起身，叫道：“快请快请！”

“高阳酒徒”最后被重用，其成功之处就是他尽情而为，率性而作。如果太曲谨，反而被人认为气量局促，成不了大事；苦心孤诣设计机巧，反而被人视为居心叵测，招人疑忌，倒不如率性而为。无论拙鲁，无论狂放，只要能使人家了解你是性情中人，是真实自然就行。

修身须做到勤俭刚明

做人立志，应当有宽广的胸襟度量以全人类为同胞，并以他们的需要为奉献对象；应当有精通事业，对内振兴民族，对外领先世界，开创伟大业绩的雄心壮志。只有这样，才对得起父母的生养恩情，不愧为世上高尚的人。

到底是什么值得我们去忧虑呢？这就是以自己不如舜帝、不如周公而忧虑，以自己不专修德行、不精通学业而忧虑。于是，便会忧虑社会腐败势力的顽固不化，忧虑外敌侵扰国家，忧虑奸人当道而良臣被排斥埋没，忧虑自己未能给平民百姓以恩惠，这就是俗话说的忧国忧民、怜悯贫弱的品质。与此相反，比如那一己的成败，一家的饱暖，现实生活中的荣辱得失、名誉地位等等，真正有事业心的人是不会为这种事费心的。

居高位者应当把天下的正人志士作为手足心腹,做州县官的也应该如此。今天的所有军机大臣与官吏,都是被一些误国小人包围着。大臣们之所以愿意与奸佞小人相处而不愿与师友在一起,主要是因为大臣们喜好阿谀奉承、喜好柔媚顺从之人,而厌烦冷淡、严正的君子。而如今天下大乱,人人怀有苟且心理,越出正轨范围之外,但也没人过问管束了。我们应该立一个准绳,自我约束,并邀请志同道合的人共同遵守,切不可让私心破坏了原则。

从前以八德来自我勉励。八德是:勤、俭、刚、明、孝、信、谦、浑。近日来,在"勤"这个字上不能踏实去做,对于"谦、浑"二字尤其觉着相违背了,恐慌惭愧,不能自止。"勤、俭、刚、明"四个字都是求之于自己的事;"孝、信、谦、浑"四字都是施之于别人的事。"孝"施用于父母等上辈人,"信"施用于同辈,"谦"施用于下属,"浑"则适用于一切。如与别人发生纠纷争执,不可自以为是;辨别他人的是非,不可过于武断,这是"浑"字的最贴近于实用的地方。

良药苦口,忠言逆耳

刘邦之所以取得天下主要是因为他善于听取不同意见。无论在哪一方面,实际上都会存在一些问题和缺点的,就看当领导的如何去对待它。遮遮掩掩,有时也能过去;将错就错,有时也不会出什么大问题。然而这一习惯养成了,就会给事业带来巨大的损失。如果敢于正视问题,敢于接受不同意见,不仅不会损失什么,相反,一旦形成一种良好的风尚,自己在人们心目中的形象反而会大大改观。

汉高祖刘邦像,图出自明·天然撰《历代古人像赞》。

公元前207年10月,刘邦率军逼近秦都咸阳。秦王子婴驾素车,乘白马,系颈套,捧着传国玉玺跪在车道旁,俯首请降。秦朝正式灭亡。

刘邦来到秦朝宫殿里,只见雕梁画栋,曲榭回廊,构筑精致,规模宏大。后宫一班美人怯生生地前来迎接,个个有姿有色,刘邦看得目不转睛。刘邦是个酒色之徒,见到此情此景,不由春心荡漾,禁不住飘飘然起来。

正在他出神的时候,突然一个声音传入他的耳中:"沛公是安天下呢,还是图个富贵就行了?"刘邦一看,原来是樊哙。屠夫出身的樊哙跟随刘邦转战多年,在这关键时刻,给了刘邦一个有益的提醒。刘邦也知樊哙说得对,不过这送上门来的享受,他还是不甘心放弃。于是回答:"就在这儿住一晚。"

不知何时张良也进来："秦政无道，所以您才有可能到达这儿。现在刚入咸阳，就想在此享乐，恐怕今日秦亡，明日就是你亡了。良药苦口利于病，忠言逆耳利于行。请公听樊哙一句话，免得祸从天降。"

刘邦的优点就是善于听取各种不同的意见，于是连忙离开秦宫，回到驻军的灞上，并召集关中豪杰父老，订立了著名的"约法三章"："杀人者死，伤人及盗抵罪。"既废除了秦朝的暴政苛法，又保护了私有财产，对民众起了稳定人心的作用。关中一带，秦民莫不为此而欢欣鼓舞。

项羽在巨鹿击败章邯后，得知刘邦已进入关中，便预感到刘邦要与他争夺天下。于是，他便马不停蹄地指挥自己的队伍奔关中而来。那时，项羽有40万人，刘邦部下仅有10万人，从实力上说相去甚远，无论如何刘邦也不是项羽的对手。

好在刘邦听了樊哙、张良的话，及时还军灞上，摆出一副不与项羽争天下的姿态，这才避开了锋芒，极大地赢得了政治上的主动。

养生全性之道

最初创造出生命的是天，养育生命并使之成长的是人。

水本是清澈的，泥土使它混浊，于是水不再清澈；人本来是可以长寿的，可是由于外物的干扰，于是不能永生。外物是用来养护生命的，不能耗费生命去追求外物。现在不少人多以耗费生命的代价去追求外物，这就是不知道轻重了。不知道孰轻孰重，就会以重为轻，以轻为重。长期这样，只会走向失败。

对于声音，听了一定要感到愉快，如果听到以后使人耳聋，就一定不要听；对于颜色，看了一定要感到舒服，如果看了以后使人眼瞎，就一定不要看；对于食物，吃了一口定要感到满意，如果吃了以后使人成为哑巴，那就不要吃。因此，圣人对于声色滋味的态度是，有利于生命的就取它，不利于生命的就舍弃它，这是保全和发展人的生命的一条重要原则。不少富贵者迷惑于声色滋味，日求夜索，一旦得到就痴迷沉溺其中而不能自拔；最终他的生命绝对会受到伤害。

一万人拿着弓箭一齐射向同一个箭靶，这个箭靶没有不被射中的。万物茂盛，如果用以伤害一个生命，这个生命没有不被伤害的；如果用以养育一个生命，这个生命没有不长久的。

富贵却不懂得养生全性之道，足以成为祸患，与其这样，反不如贫贱。贫贱，难以有过分的物质享受，况且，就是想有过分的物质享受，哪有门路呢？出门乘车，入门坐步辇，以求安逸，这是颠覆的开端。吃肥肉喝醇酒，而且吃饱了还要吃，喝足了还要喝，这是烂肠穿胃的饮食。整天和细理弱肌、明眸皓齿的美人厮守在一起，沉迷于郑、卫之地的靡靡之音，纵情恣意地娱乐，这正是砍伐自己生命的利斧。这三种祸患，都是因为富贵而不懂得养生全性之道才招致的。所以有的古人宁守清贫（如尧时的许由、方回，舜时的雄陶，周时的伯夷等），这是他们珍爱自己生命的缘故，并不是以劫富安贫的虚名自矜，而是养生全性之实啊！

临难而不失其德

将船只隐藏在深谷之中，将山林隐藏在水泽之中，可以说是十分安全的。但是半夜里一个大力士将它盗跑了，而睡着的人还一无所知。将小的藏在大的里面是很合适，但仍然会丢失。如果把天下藏在天下之中，就不会丢失了。这就是自然万物的常理。追求和营谋个人的私利是违背自然规律的；如果把个人的私利与整个天下统一起来，私利也就不会丢失了。

从南海飞到北海的凤凰，非梧桐不息，非楝实不吃，非甘泉不喝。这时，鸱鹰逮到一只腐烂了的田鼠，恰巧凤凰从空中飞过，鸱鹰抬起头看着凤凰叫道："吓！"情操低下之人是无法理解情操高尚之人的思想感情的。为对付撬箱子、掏口袋、开柜子的小偷而采取防备措施，就一定要用绳子把口袋捆紧，用锁环锁紧箱柜，这是世俗所谓的聪明。然而，大盗一来到，便背着柜子，扛起箱子，提着口袋逃跑了，还唯恐绳索、锁钮不牢固结实呢！既然如此，那么向来所说的聪明措施，不正是替大盗积聚财物的吗？

做人应当具备"临难而不失其德"的品格。

不知羞耻的人获得富贵利禄，哗众取宠的人获得显赫的地位。获得大名大利的，大都是既没有羞耻又哗众取宠的人。所以，从名的角度来观察，从利的角度来考虑，确实是这样的。如果丢弃名利，违背世俗的心愿，那么士大夫的行为不应该保持他的自然天性吗？抛弃名利思想而保持"天"是立身行事之道。

安于自然变化是修身的上乘功夫

能分清自然本领与人的本领这就达到了认识事物的极点。知道自然的本领，是明白事物出于自然；知道人的本领，是用自己的智力所知的去保养自己智力所不能知道的，使自己享尽天然的年寿而不中途死亡，这是智力对事物认识的最高境界。虽然这样，但是还有困难。知识一定要有所依凭的对象才能判断它是否正确，然而所依凭的对象却是变化不定的。怎么知道我所说的是本于自然的而不是出于人的所为呢？怎么知道我所说的是人为的又不是出于自然呢？

真人出"真知"。什么叫"真人"呢？古时候的"真人"，不以多欺少，不自恃成功，不图谋事情。若是这样，错过了机会不后悔，顺利得当而不自得。若是这样，登高不胜寒，下到水里不觉湿，进入火中不觉灼热。只有知识能达到与道相符合的境界才能这样。古时候的"真人"，睡觉时不做梦，醒来时不忧愁，饮食不求甘美，呼吸时气息深沉。"真人"呼吸凭借的是脚跟，普通人的呼吸只用咽喉。凡是嗜好和欲望太深的人，智慧一般都比较浅。古时候的"真人"，不知道喜悦生存，不知道厌恶死亡；出生不欣喜，人死不拒绝；无拘无束地去，无拘无束地来罢了。不记得自己从何处来，也不追求自己的归宿；事情来了欣然承受，忘掉死生任其重返自然，这就叫做不用心智去损害道，不用人的本领会帮助自然，这就叫"真人"。若这样，他的内心忘掉了一切，他的容貌静寂安闲，他的额头宽大恢弘。冷肃得像秋天，温暖得像春天，高兴或愤怒如四时运行一样的自然，对任何事物都合宜相称而无法探测他精神世界的真谛。

所以古代圣人使用武力，灭掉敌国却不失掉敌国的民心；利益和恩泽广施万世，却不是为了偏爱什么人，乐于交往取悦外物的人，不是圣人；是“仁”就不会有偏爱；伺机行事，不是贤人；不能看到利害的相通和相辅，算不上是君子；办事求名而失掉自身的本性，不是有识之士；丧失身躯却与自己的真性不符，不是能役使世人的人。像狐不偕、务光、伯夷、叔齐、箕子、胥余、纪他、申徒狄，这样的人都被役使世人的人所役使，都是被安适世人的人所安适，而不是能使自己得到安适的人。

伯夷像

古时候的“真人”，神情巍峨而畏缩，好像不足却无所承受；态度安闲自然、特立超群而不执著顽固，襟怀开阔而不浮华；舒畅自适好像格外高兴，一举一动好像是出自不得已；内心充实面色可亲，德行宽厚令人归依；气度博大犹如宽广的世界；高远超迈而不拘礼法；沉默不语好像喜欢封闭自己，不用心机好像忘记了要说的话。把刑律当做主体，把礼仪当做羽翼，用已掌握的知识去等待时机，用道德来遵循规律。把刑律当做主体的人，那么杀了人也是宽厚仁慈的；把礼仪当做羽翼的人，用礼仪的教诲在世上施行；用已掌握的知识去等待时机的人，是因为对各种事情出于不得已；用道德来遵循规律，就像是说大凡有脚的人就能够登上山丘，而人们却真以为是勤于行走的人。“天人合一”，不管人们是否喜欢，都是合一的。不管人认为合一还是不合一，它们都是合一的。认为天和人是合一的就和自然同类，认为天和人是不合一的就和人同类。“真人”是把天和人看做是相互对立的。

人的生死是不可避免的，犹如昼夜交替那样永远地变化着，是自然的规律。许多事情是人所不能干预的。人们都以为天是生命之父而终身爱戴它，何况那独立高超的道呢？人们都以为国君的权位超过了自己，而舍身效忠，何况那独立高超的道呢？

泉水干竭，鱼儿困在陆地上，用大口呼吸以得到一点湿气。相濡以沫，不如彼此相忘于江湖。与其赞誉唐尧而非议夏桀，不如把两者都忘掉而融化于大道。大地把我的形体托载，并且用生存来劳苦我，用衰老来闲适我，用死亡来安息我。所以，把我的存在看做是好事，也就因此可以把我的死亡看做是好事。

道是真实而又有信验的，但又是无为和无形的；可以心传却不可以口授，不可以用眼见；道本身就是本、就是根，还没有天地之前，自远古以来道就存在着；它引出鬼帝，产生天地；它在太极之上却不算高，而在六合之下却也不算深，先于天地存在却不算久，长于上古却也不算老。深韦氏得到它，用来驾驭天地；伏益氏得到它，用来调和元气；北斗星得到它，永远不会改变方位；太阳和月亮得到它，永远不停息地运行；堪坏(山神)得到它,可以掌管昆仑山;冯夷(河神)得到它,用来巡游大江大河;肩吾(山神)得到它,可以主持泰山;黄帝得到它,可以登上云天;颛顼得到它,可以居住玄宫;禺强(北海神,人面鸟形)得到它,可以立足北极;西王母得到它,可以安居少广山上。没有人能知道它的开始,也没有人能知道它的终结。彭祖得到它,从远古的有虞时代一直活到五伯时代;傅说得到它,可以统领天下,死后成为天上的星宿,乘坐东维星和箕尾星,永远排列在星神的行列里。

德为事业之基

在修身方面,洪应明十分强调道德品质的重要性,强调德才兼备而又以德为主导,认为德乃人生事业的基础,是个人才能的统帅与主心骨。反之,离开了道德的建树,立业也就失去了稳固的基础,犹如昙花一现;缺乏道德的约束,个人的卓越才能还有走向反面的可能,会耗尽在鬼蜮的猖狂作为中……

不少人对指鹿为马的故事耳熟能详:

秦朝末年,宦官赵高将一头鹿称为献给秦二世的"马"。糊涂的秦二世还不至于糊涂到不辨鹿马的地步,所以就笑着纠正说这是鹿而不是马。赵高却不改初衷,一口咬定那头鹿是一匹"马"。

对此,朝中大臣们中,有附和赵高的信口雌黄之言者,也有反驳赵高混淆鹿马的正直不阿者。结果,这些大臣被赵高借故除掉了,秦二世也难逃杀身之祸,作为家奴宦官的赵高将秦廷搅得乌烟瘴气,加速了秦王朝的灭亡……

这是中国封建社会历史上最著名的一幕家奴主事、宦官当政的闹剧。

在黑暗、腐败的封建王朝时期接二连三出现类似的闹剧,那些因性别器官受到阉割伤害而导致精神心理失调的宦官太监们,一朝得势,就会竭尽全力地向社会报复,既毫无原则地欺瞒自己的主子,又借助主子的威势来欺压百姓,极大地妨碍了社会的发展进步。

有鉴于此,封建王朝的那些明君贤王,都作出了不允许宦官太监们干预朝政的严格规定,以保朝政的清明公正。

显然,洪应明用家奴做主的事例来比喻那些有才无德之人,是为了指出他们的危险性,因为他们会运用自己的才干去营私舞弊、贪赃枉法,还可以恃权恃势来压制人才,对自己的错误作出万般诡辩……从而引致事业的失败、江山的丧失、个人的身败名裂。可见,才并不能主宰更不能取代德。而且比较来看,无德有才者较之无德无才者,对社会造成的危害会更深。

对此,魏征认为唐太宗不可轻率地选择官员,用了一个好人,就会引来别的好人;相反,用了一个坏人,别的坏人也都接踵而来。魏征则进一步肯定了这种思想,认为在天下动荡不安时,主要是用人的才干,顾不得德行;天下已定,所用的人也就必须德才兼备。

现代生活中我们也可以借鉴历史的经验之谈。

企业家们在研读《菜根谭》时,德为才之主的智慧之见就很值得借鉴。同在一个企业内,道德乃造就职员之间的和谐人际关系、培养职员对企业的忠诚感与认真敬业地工作的基础。在这方面,企业要将对雇员的品德要求予以具体化、细则化。如诚实，就是金融证券公司对雇员在这方面的最突出要求，唯有诚实者才堪担当掌管钱财的财务工作。

强调了德才兼备，所以，在具体工作与职业培训中，大小不同的企业都要创造种种便利条件，不仅要培养和发挥每个人的才干，也要提倡和发扬每个人的高尚品德，使职业道德真正成为本职工作的灵魂。

唐太宗李世民像，图出自明·天然撰《历代古人像赞》。

当然，历史是复杂的。

正如洪应明所看到的那样，历史上的不少品德道行的高洁者，走的路是很寂寞的。如人们熟知的贫居陋巷、箪食瓢饮而不改其乐的颜回；身遭流放而后自沉于汨罗的屈原；持节牧羊的苏武；坚持抗金而后血洒风波亭下的岳飞；等等。他们不是政坛上的不倒翁，不是人生的春风得意者，但他们却是历史上的有德伟人，千百年来，他们的高尚品德一直流传在人间。

相反，类似赵高、秦桧之流，生前趋炎附势，虽可享尽荣华富贵，却也免不了被押上历史的审判台，经受着凄凉万古的审判，遭人唾弃。

据此来论，富于高见的哲士达人们能够超越世俗的短暂功利，摆脱尘情的诱惑，注重品德的修养与修行，这似乎是世外玄虚之事，但却能时时体现在人生的实处。一个人即使无权无势，他也可以竭尽己力，遗德于黎民百姓，这样，他的自得自足感也无可比拟。只要一个人的荣誉富贵是建立在道德的基础上的，那么，一切就如山林的自然盛开之花，繁衍不息，是建立在功业或权力基础上的富贵名誉所不可企及的。

这种思想，可追溯到《左传》记载叔孙豹所论及的“君子三立”：立德、立功和立言。在这三项不朽的事业中，立德是居于首位的。

还应明确的是，洪应明虽未能从封建社会的实质来揭示那些品德高洁者是如何为封建社会所不容的，但他却明确地不推崇那些苦行修德的行径，认为那些超过一定限度的苦行，并不适合于正常人性的发挥，难以使人获得舒畅怡乐的心情。这是一种力求将德行与情趣统一起来的意识，具有浓郁的禅意。

道德的内涵随着时代的发展而变化。就是在这种发展变化中，中华民族传统中的优秀美德更显露出蓬勃的生命力，诸如天下为公、以民为本、融入社区、敬业负责、勤俭持家、诚实待人、敬老爱幼、保持和睦的人际关系等等，今天依然有弘扬的必要与价值。同时，还要把这些美德具体落到实处，如在选拔干部时，坚持德才兼备的标准；在从事各行各业的工作中，注意遵守社会公德……

总之，道德的要求在客观上伸张了社会的正气，在主观上则使个人无愧于人类的良知。因此，我们每个人都不可放松对自身的道德要求，更不可恃才失德，这不论是对于我们的立身处世、应酬交往,还是对于保持我们的内心宁静,都是至为关键的。

心事宜明,才华须韫

曹操的“鸡肋”、“一盒酥”及门中的“活”字等都是一种普通的智力测验,其目的并非要测试大家,而是为了卖弄自己的超人才智,因此,他主观上并不希望有谁能够点破,只想等人来请教。在这种情况下,哪怕你猜着了,也只能含而不露,甚至还要以某种意义上的“愚笨”去衬托上司的“才智”。但是,杨修却毫不隐讳地屡屡点破了曹操的迷局。在待人处事中也是一样,下属千万不可以处处一味表现自己,放任自己,无视上司的自尊心和心理承受能力,锋芒毕露,咄咄逼人,最终必然会招来上司的忌恨,引火烧身。

三国时期的杨修,在曹营内任行军主簿,思维敏捷,甚有才名。有一次建造相府里的一所花园,才造好大门的构架,曹操前来察看之后,二话不说,只提笔在门上写了一个“活”字就走了,手下人都不解其意,杨修说:“‘门’内添‘活’字,乃‘阔’字也。丞相嫌园门阔耳。”于是再筑围墙,改造完毕又请曹操前往观看。曹操大喜,问是谁解此意,左右回答是杨修,曹操嘴上虽赞美几句,心里却很不舒服。又有一次,塞北送来一盒酥,曹操在盒子上写了“一盒酥”三字。正巧杨修进来,看了盒子上的字,竟不待曹操说话自取来汤匙与众人分而食之。曹操问是何故,杨修说:“盒上明书一人一口酥,岂敢违丞相之命乎?”曹操听了,虽然面带笑容,但是心里确对杨修痛恨不已。

杨修最大的毛病就是不看场合,不分析别人的好恶,只管卖弄自己的小聪明。当然,如果事情仅仅到此为止的话,也还不会有太大的问题,谁想杨修后来竟然渐渐地搅和到曹操的家事里去,这就犯了曹操的大忌。

魏太祖曹操像,图出自明·天然撰《历代古人像赞》。

在封建时代,统治者为自己选择接班人是一件极为严肃的事情,每一个有希望接班的人,不管是兄弟还是叔侄,可说是个个都红了眼,所以这种斗争往往是最凶残、最激烈的。但是,杨修却偏偏在如此重大的问题上不识时务,又犯了老毛病。

曹操的长子曹丕、三子曹植,都是曹操准备选择做继承人的对象。曹植能诗赋,善应对,很得曹操欢心。曹操想立他为太子。曹丕知道曹操的心思后,就秘密地请歌长(官名)吴质到府中来商议对策,但害怕曹操知道,就把吴质藏在大竹片箱内抬进府来,对外只说抬的是绸缎布匹。这事被杨修察觉,他不假思考,就直接去向曹操报告，于是曹操派人到曹丕府前进行盘查。曹丕闻知后十分惊慌，赶紧派人报告吴质，并请他快想办法。吴质听后很冷静，让来人转告曹丕说："没关系，明天你只要用大竹片箱装上绸缎布匹抬进府里去就行了。"结果可想而知，曹操因此怀疑杨修想帮助曹植来陷害曹丕，十分气愤，对杨修厌恶有加。

曹操经常要试探曹丕和曹植的才干，每每拿军国大事来征询两人的意见，杨修就替曹植写了十多条答案，曹操一有问题，曹植就根据条文来回答，因为杨修是相府主簿，深知军国内情，曹植按他写的回答当然事事中的，曹操心中难免又产生怀疑。后来，曹丕买通曹植的亲信随从，把杨修写的答案呈送给曹操，曹操当时气得两眼冒火，愤愤地说："匹夫居然敢欺负我。"

又有一次，曹操让曹丕、曹植出邺城的城门，却又暗地里告诉门官不要放他们出去。曹丕第一个碰了钉子，只好乖乖回去，曹植闻知后，又向他的智囊杨修问计，杨修很干脆地告诉他："你是奉魏王之命出城的，谁敢拦阻，必杀。"曹植领计而去，果然杀了门官，走出城去，曹操知道以后，先是惊奇，后来得知事情真相，更是气愤不已。

曹操多疑，生怕有人暗中谋害自己，于是谎称自己在梦中好杀人，告诫侍从在他睡着时切勿靠近他，并因此而故意杀死了一个替他拾被子的侍从。可是当埋葬这个侍者时，杨修喟然叹道："丞相非在梦中，君乃在梦中耳！"曹操听了之后，心里愈加厌恶杨修，于是开始找茬子要除掉他。

建安二十四年(219 年)，刘备进军定军山，老将黄忠斩杀了曹操的亲信大将夏侯渊，曹操自率大军迎战刘备于汉中。战事进展很不顺利，双方在汉水一带形成对峙状态，使曹操进退两难，要前进害怕刘备，要撤退又怕遭人耻笑。一天晚上，心情烦闷的曹操正在大帐内想心事，此时恰逢厨子端来一碗鸡汤，曹操见碗中有根鸡肋！心中感慨万千。这时夏侯惇入帐内禀请夜间号令，曹操随口说道："鸡肋！鸡肋！"于是人们便把这句话当作号令传了出去。行军主簿杨修即叫随军收拾行装，准备归程。夏侯

曹操忌杀杨修图，出自《三国志通俗演义》。

惇见了便惊恐万分，把杨修叫到帐内询问详情。杨修解释道："鸡肋鸡肋，弃之可惜，食之无味。今进不能胜，退恐人笑，在此何益？来日魏王必班师矣。"夏侯惇听了对他叹服不已。于是营中各位将士便都打点起行装。曹操得知这种情况，差点儿气坏心肝肺，大怒道："匹夫怎敢造谣乱我军心！"于是，喝令刀斧手，将杨修推出斩首，并把首级挂在辕门之外，以告诫不听军令的人。

污泥不染，知巧不用

经常见到这样的人遇到有利可图的事，就削尖脑袋往里钻，为的就是贪一点便宜；而在有钱有权有势的人周围，天天都有趋炎附势的人聚集一堂，由于都是怀着一个贪字有求而来，所以以利益为驱动的组合缺少人间真情，出现"富居深山有远亲，贫在闹市无人问"的境况，这种世态炎凉是不足为奇的。为了保持人格的高尚不应为个人利益去争逐。还要看到，智术机巧是从智慧和才干中锻炼而来，假如为了自身利益就去施展权谋术数，反而不如那些不懂得智术机巧憨厚的人显得高尚。尤其是有机会把握权力，掌握金钱，却依然保持高洁，不因权力而贪污，不因金钱而堕落，是非常可贵的。权势名利是现实生活中必然遇到的，有人格、有原则的人才可能出污泥而不染；也正为了保持自己的人格，才耻于机巧权谋的运用，而视权势如浮云。

出生于战国时期楚国的屈原，忠君爱国，因遭小人的谗言陷害被无罪放逐。他忧心如焚，形容憔悴，徘徊于山泽之间。他抬头质问苍天，呼唤不绝。

有一个退隐江湖之人以打鱼为生，见而问之："您不是三闾大夫吗？怎么到这里来了？"屈原回答说："举世皆浊我独清，众人皆醉我独醒，因此被流放。"渔夫说："聪明人要顺应时势，而不固执己见。举世皆浊，你为什么不混淆是非，同流合污？众人皆醉，你为什么不喝他们喝剩下的酒渣，与其一样昏沉？为什么偏要怀瑾握瑜（瑾、瑜皆美玉，喻美德）？"屈原答道："我听说：新沐（洗发）者必掸掉帽子上的灰尘，新浴（洗身）者必抖掉衣服上的污垢，怎能以清白之身遭外物玷污？我宁愿跳到江流，葬身鱼腹，又怎可使高洁心志蒙受世俗尘埃？"渔夫听罢只好微笑着摇头摆桨而去。屈原于是作《怀沙》之赋，抱着石头自投汨罗江而死。

屈原像，图出自明·天然撰《历代古人像赞》。

屈原深知报国无门，才华被埋没，但他依然清高傲岸，操守如一，把自己的人格尊严和满腔的才情发挥到极致。

风雅不失，穷不潦倒

贫贱不移，依然值得敬仰。穷人孩子不妨将头梳得整齐一些，把地扫得干净一些，这本是举手投足之劳，虽在清寒之地，朴实典雅，却如一枝莲荷，出污泥而不染，濯清涟而不妖。

有一次，庄子穿着一身补了许多补丁的衣裳，鞋子也破得套不住脚了，只好拧了一股麻草将鞋子绑在脚上。之后去拜访魏王。

魏王看到庄子的情景，吃惊地问："先生为什么会潦倒成这样子呢?"

庄子纠正道："是贫穷而不是潦倒。读书人有事业，有德行，却实行不了，才是潦倒。衣服破了，鞋子破了，是贫穷并不算潦倒。这就是常说的不遇时啊。大王难道没见过那既会爬树，又跳得高的猴子吗？当它找到了楠竹、楸树、樟树等高大林木，便能攀缘着树枝，在林中荡来荡去，既惬意又自如，即便后羿和逢蒙这样的古代射手，也不能斜眼看它。这是它遇到适合环境时的情景。等到落到黄桑林、丛生的小枣树，乃至枳壳、枸杞这类低矮的林木中时，那它就只有小心翼翼地步行，连眼也不敢斜视。这并不是它的筋骨变得僵硬，不柔韧灵活了，而是因为环境不允许，以致不能施展它的技能了。"

真味是淡，至人如常

生活中平凡常见的东西往往容易被人们所忽视。像鸡鸭鱼肉、山珍海味，固然都是极端美味可口的佳肴，吃多了便会感到厌腻而难以下咽；粗茶淡饭，最有益于健康，在一生之中最耐吃。一个人绝俗超凡可以视为一种人生态度，有卓越的才华也是好事，但作为一个伟人，不是追求一时的功名。只有在平凡之中才能保留人的纯真本性，进而在平凡中见英雄本色。

有一天，秋高气爽，太阳已爬在半空，庄子还高卧未醒。忽然门外车马喧闹，似乎有人在小心地敲门。原来楚威王久仰庄子的大名，想把他招进宫中给予高位，既用其名，复用其才，辅佐自己实现称霸天下的目的。楚威王派了几位大夫充当使者，领着一队壮士，抬着猪羊美酒，带着千两黄金，驾着几辆驷马高车，浩荡而隆重地来请庄子去楚国当卿相。

大约半个时辰后，才见庄子出来。使者作揖赔笑，呈上礼物，说明来意，不料庄子仰天大笑，说了一套洋洋洒洒的话：

"免了！免了！千金是重利，卿相是尊位，多谢你家大王。然而诸位难道没有瞧见过君王祭祀天地时充作牺牲的那匹牛吗？想当初，它在田野里自由自在，只是它的模样生得端庄一点，皮毛生得光滑一点，于是就被人选入宫中，给以很好的照料，生活是好多了，然而正所谓'喂肥了再宰'。到时，牛的大限已到，当此关头，这牛倘想改换门庭，再回到昔日即使是劳苦的生活境况中去，还有可能吗？那么，去朝廷做官，与这头牛有什么差别呢？天下的君王，在他势单力孤、天下未定时，往往招揽海内英雄，礼贤下士，一旦夺得天下，便为所欲为，视民如草芥，对于开国功臣，则恐怕功高震主，无不杀戮，真是所谓'飞鸟尽，良弓藏；狡兔死，走狗烹'。你们说，去做官又有什么好处呢？放着大自然的清风明月、荷色菊香不去观赏消受，偏偏费尽心机去争名夺利，无聊矣。”

几位使者见庄子对世情功名的洞察如此深刻，不好再说什么，只得怏怏告退。其中一位使者如当头棒喝，参破数十年做官迷梦，就此决定回朝之上奏君王告老还乡。

庄子仍然过着洒洒脱脱的生活，登山临水，笑傲烟霞，寻访古迹，欣赏美景，抒发感慨，盘膝而坐，冥思苦想，发为文章。在贫穷中享受人生的真谛。

忧勤勿过，淡泊勿枯

凡事都有原则。“富贵于我如浮云”，心境也就自然平静清凉，如此无忧无虑该是何等飘逸潇洒。不过什么事都不要走极端，假如以淡泊为名而忘记对社会的责任，忘记人间冷暖以至自我封闭就不对了，甚至演变为不管他人瓦上霜而自私自利，就会被人视为没有公德没有责任感甚至有害于社会，这样最终只会被社会大众所唾弃。勤于事业，忙于职业是美德，但如果陷于事务圈而不能自拔，如果因无谓的忙碌而心力交瘁失去自我是不足取的。

陶渊明不为五斗米折腰，采菊东篱，种豆南山，精神上是够幸福的。但他作为理智的性情中人，也应考虑基本的物质需求。

陶渊明几次出仕，都是当小官吏。以他的个性来说，绝不可能巧取豪夺。既然打算要隐退，总得要为日后的衣食作打算。因此，陶渊明费尽周折谋取到了离家不远的彭泽令的职务。这次做官的目的就是“聊欲弦歌以为三径之资”。他还打算将公田全部种上粳米，用来酿酒备饮。但是，他的妻子反对全部田地种上粳米，劝他也要种些粮食，陶渊明才决定五十亩种秫、五十亩种粳米，以实现他“吾尝醉于酒足矣”的美好打算。这次赴任正好赶上岁末，有位督邮前来视察，旁人提醒他应该穿戴好官服毕恭毕敬，陶渊明心里愤愤不平，督邮算什么？我怎么能为五斗米折腰呢？恰在这时，他妹妹病故了，借此机会，他就奔丧去了，彭泽县便成了他仕途中的最后一站。他从29岁起出仕，到41岁归隐田间，前后共13年。在这13年中，仕与隐的矛盾始终交织不断，而且越往后斗争越激烈，东篱采菊，种豆南山，一个“猛志逸四海”的有理想、有抱负、慷慨激昂的青年，最后还是痛苦地“觉今是而昨非”。

陶渊明像，图出自明·天然撰《历代古人像赞》。

陶渊明虽然向往林泉之趣的淡泊生活，但他要考虑到生计温饱问题，“吾尝醉于酒足矣”，由此可见艺术同生活的矛盾确实需要调和。

栖守道德，不阿权贵

西汉文学家扬雄像，图出自明·天然撰《历代古人像赞》。

仔细品味道德如吃饭穿衣，真切自然，它是人人所恪守的行为准则之一。在中国历史中，才人辈出，却大浪淘沙，说到底，归于文格、人格之高低。真正有骨气的人，恪守道德，甘于清贫，尽管贫穷潦倒，寂寞一时，终不免受人赞颂。

西汉著名文学家、哲学家，扬雄世代以农桑为业，家产不过十金，“乏无儋石之储”，却能淡然处之。他口吃不能疾言，却好学深思，“博览无所不见”，尤好圣哲之书。扬雄不汲汲于富贵，不戚戚于贫贱，“不修廉隅以徼名当世”。

扬雄四十多岁游学京师。大司马车骑将军王音“奇其文雅”，召为门下吏。后来，扬雄被荐为待诏，以奏《羽猎赋》合成帝旨意，除为郎，给事黄门，与王莽、刘歆并立。哀帝时，董贤受宠，攀附他的人有的做了二千石的大官。扬雄当时正在草拟《太玄》，泊如自守，不趋炎附势。有人还嘲笑他，“得遭明盛之世，处不讳之嘲”，竟然不能“画一奇，出一策”，以取悦于人主，反而著《太玄》，使自己位不过侍郎，“擢才给事黄门”，扬雄闻言，著《解嘲》一文，认为“位极者宗危，自守者身全。”表明自己甘心“知玄知默，守道之极；爱清爱静，游神之廷；惟寂惟寞，守德之宅”，决不追逐势利。

王莽代汉后，刘歆为上公，不少谈说之士用符命来称颂王莽的功德，也因此授官封爵，扬雄不为禄位所动，依旧在天禄阁校书。王莽本以符命自立，即位后，他则要“绝其原以神前事”。可是甄丰的儿子甄寻、刘歆的儿子刘棻却不明就里，继续作符命以献。于是王莽大怒，诛杀了甄丰父子，将刘棻发配到边远地方，受牵连的人，一律收捕，无须奏请。刘棻曾向扬雄学作奇字，扬雄不知道他献符命之事。案发后，他担心不能幸免，身受凌辱，最后就从天禄阁上跳下，幸好未摔死。

秽者多物，水清无鱼

“水至清则无鱼，人至察则无徒。”成就一番大的功业，必须要有这样的用人意识。天下奇才，偏于一面者，十有八九。金无足赤，人无完人。用人不必求全责备，也不必均是贤才。很多人只看到别人的缺点而无法赏识别人的长处，这样的人是不会成就大事业的。

曹操用人的一大特点是大度用人、容人之错。他冲破了固有的迂腐标准的禁锢，具有创新的见地,他认为“人无完人,慎无苛求,才重一技,用其所长”。

东汉建安四年,曹操与实力最为强大的北方军阀袁绍相持于官渡,袁绍拥兵十万,兵精粮足,而曹操兵力只及袁绍的十分之一,又缺粮,明显处于劣势,当时很多人都认为曹操必败无疑了。曹操的部将以及留守在后方根据地许都的好多大臣,都纷纷暗中给袁绍写信,准备一旦曹操失败以后便归顺袁绍。

官渡之战曹操采用了荀攸的计策,袭击袁绍的粮仓,一举扭转了战局,打败了袁绍。曹操打扫战场时,从袁绍的文书案卷中拣出一束书信,都是曹营里的人暗中写给袁绍的投降书信。当时有人向曹操建议,要严肃追查这件事,对凡是写了投降信的人,统统抓起来治罪。然而曹操只是说:“当时袁绍强盛,我都担心能不能自保,何况别人呢?”于是,他连看也不看,下令把这些密信全都付之一炬,这么一来,那些曾怀有二心的人便全都放心了,并对曹操心存感激,军心、臣心稳定,处于弱势的曹操集团迅速巩固了胜利的战局。

在用人的问题上,除了要有气量,还应用人之所长,不求全责备。只因势而用人,为制势而择人,这是统御者御将用人的基本出发点。不从个人印象的好恶出发,能御用自己不得意的人,用其所长,避其所短,不讲资历,不论出身,只要有功绩、有本事就会给予提拔。

胸襟宽广,必成大业

我们的心灵具有囊括宇宙、超越光速的伟力,它比熔金铸铁的冶炼大炉更富于力量,比吞溪容污的长江更浩瀚博大。这就是建树我们为人处世的大胸襟与大气魄的依据。

在古人看来:

天地万物以天地日月为大。而诗圣杜甫却有诗言:“日月笼中鸟,乾坤水上沤”——在我看来,日月只可称为笼中之鸟,天地乾坤也仅是水面上的泡沫而已。

在人世中,则以君王之间的禅让、朝代的更迭盛衰,最为重要。而宋朝著名哲学家邵雍(谥号康节)却有诗称:“唐虞揖逊三杯酒,汤武征伐一局棋”——在我看来,远古时贤明的(唐)尧帝将帝位禅让给品行高洁的(虞)舜帝,仅有喝三杯酒的意气;商汤兴兵伐灭夏朝而建立商朝,周武王率军诛灭商朝而建立周朝,也不过只是下一局棋的风光罢了……

当悠悠千古事齐涌上这两位诗人的心头时,漫长的历史长河被浓缩了,宇宙人生的轻重主次也被明确化了,诗人思绪也就可以超越有限而进入无限,诗人的眼界更不会局限在委琐的小是小非上。

读诗使人灵秀,读史使人明智。

难怪在品味杜甫和邵雍的这两段诗时,洪应明无限感慨上心头:人能有此等大胸襟、高眼界,就可胸怀天地四方,就可看破亿万年的沧桑变迁,视事来如泡沫生于大海,不必大惊小怪;视事去如鸟影隐匿长空,不留痕迹。即使是面对千丝万缕的国家大事,也能从容处置,不无端地扰动一尘一末。

《菜根谭》的主旨深深蕴涵着宇宙意识,直契天地境界。有如此意识与境界,犹如在空中观物,再据此以冷眼看人世间的是是非非、争争斗斗,在千年的历史长河中,皇室权贵们为城头变幻的大王旗、英雄豪杰们为名誉地位而虎战不休，也不过是如苍蝇因羶气而聚集、如蚂蚁因抢食而竞斗；世间的各种是非如蜜蜂飞起，各种得失如刺猬的硬刺那样竖立，以冷情处之，就可以如洪灶融化真金、如热水消融冰雪。

博大的胸襟！恢弘的意识！从容的气度！是成功人世所必备的。

判断一个人是否具有大胸襟的主要尺度之一，就是看他能否容人。

唐朝名臣魏征，原是唐高祖李渊所立的太子李建成的亲信幕僚。因李建成与其弟李世民之间为争夺君位而形同水火，魏征曾力劝李建成先下手为强，杀掉李世民。

后来终于发生了玄武门之变，李建成被杀，李世民即位成为历史上有名的唐太宗。作为胜利者的唐太宗，并没有追究包括魏征在内的原李建成的许多部属，而是对他们量才而用，魏征就被任命为谏议大夫。他先后向唐太宗陈谏国事二百多次，即使君臣之间为此而产生误解、争吵与冲突，也在所不避。

邵康节像，图出自明·天然撰《历代古人像赞》。邵康节，北宋哲学家，名雍，字尧夫，谥号康节。

唐太宗的文治武功之所以能达到盛唐的高峰，跟他胸怀宽广，放眼长量，能容也善用包括魏征在内的忠诚却非唯唯诺诺的能人，有莫大的关系。唐太宗与魏征的关系也因此超越了一般的君臣关系，成为千古佳话，印证了孔子所言的“君子和而不同，小人同而不和”之理。

事实上，不单单是君臣之间的关系如此。“宰相肚里可撑船。”特指宰相必须能团结百官，搞好内部建设，抗御外来侵略。宰相缺此胸怀，常怀“非我族类，其心必异”之想，一味党同伐异，就没有成为贤相的基础。

战国时期的蔺相如之所以能一味忍让廉颇的挑衅，就是为了保持将相的和睦，不让秦国趁机侵略赵国。正因蔺相如不失相国的胸怀，深受感化的廉颇的“负荆请罪”才成为了千古美谈。

相反，如果一个人的心胸过于狭窄，在遇到不顺心之事、听到不顺耳的话语时，就怒不可遏，见到强于自己者，就萌生那种“最卑劣最堕落的情欲”（培根语）——嫉妒……结果只会危害了事业，甚至殃及自身。

《三国演义》中的周瑜就是这方面的典型，他年少气盛，虽英才盖世却心胸狭窄，妒才嫉能，屡害诸葛亮而不能如愿，自己却因此而被活活气死，死前还有“既生瑜，何生亮”的怨愤。

在这方面，洪应明提到了屈原。

诚然，屈原是一个道行高洁者，是楚国的忠臣，是伟大的诗人，但他却不可称为一个伟大的政治家。

因为一个伟大的政治家，既应有高瞻远瞩的智慧、审时度势的机智，还应有容人的度量、团结人和用人的策略和技巧，从而增强而不是削弱自己所归属的政治团体的凝聚力。

而屈原恰恰缺少了这些，他狷介高傲，多愁善感，独来独往，好持瑰节琦行，好作惊世骇俗之语，宣称整个世界都混浊不堪，所有的人都醉得昏昏沉沉，唯有自己才是头脑清醒的，唯有自己才是对楚王忠心不二的……这正是他不断地怨天尤人的依据之一。这样，他的这些疏狂意识使他失去了沟通与楚国君臣上下关系的思想前提与人际关系基础，他的政治头脑中甚至缺乏“求大同，存小异”的意识，历史进程也就难以朝他所设想的方向运行。

廉颇肉袒负荆图，出自清·马骀《百将传图》。讲述了廉颇与蔺相如由失和到交好、同心为国之事。

可以说，屈原的悲剧不仅是道德与政治的冲突所造成的（封建社会的政治往往是不道德的），也是他个人的狭窄心胸和简单的思维定式与社会历史的复杂发展进程相冲突而造成的。确实，他坚持了他的原则，不随波逐流，但却没有一丝一毫的灵活与变通，似乎只有社会历史适应他而没有他适应社会历史的道理。在这种意义上说，他的认识不可称为通情达理，他的人生也不是理想与完美的。鲁迅先生则曾把曹雪芹笔下的焦大比喻为“贾府的屈原”（见《言论自由的界限》），我想，这一比喻，并非是在抬高焦大，也不是拟贬低屈原，而是说他们两人在愚忠、自认唯我独醒等方面，几无二致。当然，两人也有不同，即假如焦大“能做文章，我想，恐怕也会有一篇《离骚》之类。”屈原的《离骚》，不外是因其愚忠不被楚王赏识所发的文字性诗歌化的高级牢骚罢了。

据此，这样认为：“地之秽者多生物，水至清者常无鱼”，事实的确如此。

按我们的理解，洪应明在谈人应建树大胸襟时，论及了君子当存含垢纳污之量，并不是主张君子可放松自己高洁的道德志向与修养，可以与黑暗势力同流合污，而是指人生一世，应当看到社会的复杂性，应当像大地善于将污垢转化为肥料，进而据此育出新苗一样，注意从各种正反经验中汲取养料来完善自己的人生，应当对“人无完人，金无足赤”的状况有一种清醒的认识从而去认可，应该做到会察人也会容人，会容人也会用人……

人至察则无徒，高深的且不说，类似郑板桥所言的“难得糊涂”，因时因地，也不失为处世之一妙法。按《菜根谭》的认识，有大胸襟者，才是大聪明的人，"吕端大事不糊涂"，对于小事也就不会斤斤计较，朦胧处置；反之，大懵懂的人，对小事是伺察在胸，对把握大事却茫然无措。可见，伺察小事乃人之成为懵懂的根源，而对小事模糊朦胧处置，往往正是营造着大聪明的无穷空间。

从这个角度，我们或能更好地理解陆王心学所特别推崇的孟子之言："先立乎其大者，则其小者不能夺也。此为大人而已矣。"(《孟子·告子上》)

从泛指方面看，历史上曾担当一人之下、多人之上的宰相职务者，十分有限。但这并不是说，不担当宰相者就不应培植起这种大海般的胸怀。其实，培植起这种胸怀，有助于人与人之间宽怀相待，有助于个人心胸趋于坦荡，养成宽舒的气象。

每年端午节，在以纪念屈原作名义的赛龙舟活动中，人们也能感觉到另一种迥异于屈原式思维定式的团体智慧：你我他同处一条船，与他船同处一条起跑线前，起跑枪一响，我们不争上游，就会处下风，彼此唯有同舟共济，齐心协力，何暇分孰醉孰醒？冲过终点线了，赢家扛回了奖品——大缸酒加大块肉，然后，大家一醉方休，其乐无穷。输家也不必难受，筹划来年再赛，才是正道，游戏嘛，总是有机会的……所以，在怀念之外，用现代意识来看待屈原，屈原的独立人格、自由精神、血肉文字和作为知识分子所有的良知，依然令我们神往，这其中蕴涵着维系人类历史与人文精神的命脉。而他的那种狭隘自恋的情结，则是应该抛弃的。古今中外，何时何地无小人？无人前人后的是非？为小人为是非而自沉自毁，不值得。

端午龙舟图，描述了古人在端午节赛龙舟的场景。

老百姓所梦寐以求的福禄寿，在洪应明看来，只不过是仁厚之人的宽舒心地、从容处事的副产品而已。就我们今天所见的一些百岁人瑞老寿星来看，他们的长寿秘诀中，都有宽怀待人、随遇而安、少激动、不轻易对人发怒这一条，这种胸怀与良好修养，正是他们获得长寿的处世基础之一。

佛教有这样一则人格化的人生座右铭，那是贴在弥勒佛像旁的：

大肚能容，容天下难容之事；

张口便笑，笑世间可笑之人。

所以，大肚而又总是笑吟吟的弥勒佛，就不是口常说空者——不为空缠，也不是为物所役者——不为法缠……

要做到这一点很难。宋朝词坛大家苏东坡在瓜洲任职时，某天，因坐禅开悟，自认为已超凡脱俗，不为世俗的称、讥、毁、誉、利、衰、苦、乐等

八种风所动。于是,因体悟而作成一诗偈:

稽首天中天,毫光照大千;

八风吹不动,端坐紫金莲。

然后令书童乘船从江北送到江南,呈给金山寺的佛印禅师指正。

佛印禅师看后,挥毫批了两字:放屁。

东坡见侍者带回的批字后,火冒三丈,立即乘船过江。

佛印早已料到东坡会前来兴师问罪,故早已在江边恭候。

一见面,苏东坡指责道:“禅师,你为什么侮辱我的诗?”

佛印若无其事地答道:“没有啊? 我骂了你什么?”

东坡指着“放屁”二字,责道:“这是什么? 你还狡辩?”

佛印哈哈大笑:“噢,你不是八风吹不动嘛,怎么被一个屁打过江来了?”

东坡一听,哑口无言,自叹修养不及禅师。

据此,再归纳建树人生大胸襟的决窍,即意似行云流水,不执著!

的确,不执著——连对“不执著”之念也不要执著,这就近于禅宗六祖慧能所说的“无念”、“无住”了。

修身养性,气节为先

大丈夫为人处世,最重要的是气节、直节。

气节是为人所必需的志气和节操。

直节是为人所必需的正直节操。

遥想西汉时代,中郎将苏武受雄才大略的汉武帝的派遣,带着和平的使命,手持汉朝的使节(即代表朝廷出使的符信),率领副手张胜、常惠及百来个卫兵,出使匈奴。

当时,双方才经过了一场经年累月的战争,处于或战或和的抉择之时。无疑,苏武此行的使命是不同寻常的。所以,到了匈奴后,他不以个人为怀,凡事都从有利于汉朝的立场出发,小心谨慎,却不意他的副手张胜,因急功近利而卷入了一场企图刺杀原为汉朝使节、此时已投降匈奴者——卫律的预谋中,事未办成,风声却先漏了出去。于是,卫律和匈奴单于(匈奴族的最高首领)就将两种选择摆在苏武他们的面前:或投降,或被囚遭杀。

苏武一闻“投降”两字,就大义凛然地对在场的所有人说:“作为堂堂大国的使者,却像犯人一样被人审问,这样难道不会给朝廷丢脸吗? 我已经有辱使命,倘再丧失气节,即使活了下来,也没有颜面回去见人。”说完就拔刀往自己的脖子上抹去,即刻昏死过去,后经抢救,苏武虽醒转来,脖子却已受了重伤,而惹出事端的张胜却已在匈奴人的刀口威逼下,屈膝投降了。

对于苏武的气节与作为,连匈奴单于也钦佩不已,从而就更想将他收归己用。于是,卫律奉主子之命,再三劝降,软硬兼施,得到的只是苏武的蔑视和责骂。

单于无奈,只能将苏武关在地窖里,断绝粮水,想迫苏武就范,苏武却凭着那么一种气节与毅力,用雪和着毡毛来解渴充饥,顽强地活了下来。

单于见状,又派人将他流放到北海(苏联西伯利亚的贝加尔湖),让他放牧公羊,扬言到公羊生出小羊后,才准他归汉。在那里,苏武只能以田鼠野菜充饥,而他对人生的种种磨难坎坷都可以不以为怀，唯独忘不了自己作为汉朝使者的使命。

十几年就这样过去了，单于又派汉朝降将李陵到北海去劝说苏武投降。李陵先以苏武在此荒无人烟之处受罪，却无人知晓来劝说他不如归顺匈奴，以享荣华富贵。再告之自从苏武出使被扣后，苏武的兄弟被迫自杀、妻子改嫁和儿女下落不明的悲惨遭遇，欲断苏武的归汉之心。但苏武的回答依然斩钉截铁：“我生为汉朝之臣，不能对不起自己的祖宗和父母之邦，你不用多费口舌了。”毫不客气地将李陵顶了回去。

如此过了十九年，因匈奴发生内乱，匈奴新单于急于向汉朝求和，苏武、常惠等几人历尽波折磨难，终于回到了汉朝。此时，苏武的胡须头发全都白了，手里却依然拿着那条光杆子的使节交给汉昭帝复命。知道此事者，无不为之感动。

从苏武身上，我们看到了支撑中国历史的脊梁骨，看到了他的气节中所体现出的民族尊严和人格化力量，看到了气节如何具体地落实为生命的信念、生存的力量和精神的支柱。苏武在历史上并没有做出轰轰烈烈、沸沸扬扬的丰功伟绩，但他确实是一个具有坚贞不屈的高尚气节的顶天立地者，为后人所传颂。

在中国历史上，具有高尚的气节者并不少，如岳飞、文天祥、林则徐……不详述其事迹，仅开列名单，亦不可尽数。“在命运的颠沛中，最易看出人们的气节”（莎士比亚语），他们每每在国家与民族的历史面临生死存亡或大抉择的关键时刻，将个人的命运与国家民族的命运联系在一起，从不苟且偷生，经受了种种艰苦磨难的考验，以自己的气节和敢作敢为谱写了一幕幕惊天地、泣鬼神的历史悲壮剧。

苏武牧羊图，出自清·上官周绘《晚笑堂画传》。

中国传统文化十分重视褒扬人之所以为人的气节，正如南宋的陈俊卿说：“人才当以气节为主”。

结合以上挂一漏万地列及的历史事例与认识，我们就不难理解洪应明为什么将气节视为撑天撑地的柱石，也就是将人的气节强调到一个无以复加的高度。

据此，就较易理解和接受洪应明关于气节的一系列思想，即认为：君子为人处世时，不贪财图利，那么他的气节就无愧于天地；平时，一个掩饰真情实感（矫情）者，必缺乏具有正直的操守者们所特有的率真；对于已有君子之誉者言，倘如他抛弃了气节，那他就甚至不如一个知错能改、改过自新的小人；在平日的人际交往中，以放弃原则的曲意逢迎来讨别人的欢心，还不如坚持正直的节操而令别人有所忌惮。

总而言之，气节精神所体现出的

人的尊严与崇高情操，不同于事业文章往往随着个人生命的自然终结而终结；也不像个人的功名富贵那样，往往随着时势的不同而有所转移，气节能超越时空的樊篱，光耀千秋，万古长青。有气节，坚持直节者的精神境界是崇高的，气节与直节，勿须自我标榜，而是在言行中自然流露。

对于生活在一个相对平和稳定时期的我们来说，气节与直节也并非可望而不可即，虽然我们中的许多人或许不会有面临类似苏武所面临的外交场合与大变故之时，但就是在日常的平凡生活与工作中，比如在与外国人交往时，要做到不卑不亢，不做任何有辱国格人格、有损于民族尊严与利益的事，就离不开气节的引导。再如，在工作中，要坚持原则，克己奉公，不充当墙头芦苇般的角色，不随风摇摆，不放逸自己，也必须以气节作为基础。在生活中，几十年前，类似著名学者朱自清在饥饿贫病时，因抗议美国实行扶日政策而签名拒领美援面粉，也同样是民族气节的一种崇高体现……

人活着，必须要有一棵精神支柱。

气节，正是这种精神之根之源。

气节能使人时刻不忘根本，使人不忘人之所以为人的原则，使人能够不忘国家与民族的利益，使人能够保持人格的尊严……

这些，也正是我们今天依然重视气节，将气节视作我们为人处世时所必需的一项主要修养的缘由。

宁静志远，心平气和

唐朝著名诗人王维在一次出游的途中，信步所至，走到大江前。此时，他没有匆忙去渡江，也没有匆匆走回归路，而是悠闲从容地坐在草地上，心情平淡地欣赏着天上的云起云落、云聚云散，品味着它们在时快时慢中变幻不定的图案……

有了一种十分谐和宁静的心境，以致他吟出的诗中，出现了这两句看似平淡却极富禅意的千古名句：

行到水穷处，

坐看云起时。

看似平淡的诗句，却已活泼地表达出了诗人的心境与自然韵律的和谐合拍，当诗人出神入化地静观云聚云散时，物我已融为一体。他因静坐而神飘云际，因静坐而得道适意，从而领受了坐行住卧皆禅的精髓，表明了对顺其自然的人生观的推崇，心智不再被生活表层的种种繁杂所迷惑，从而保持了心绪的协调与宁静，这就是所谓的禅。

不难理解，历史上，诗人王维以“诗佛”而名传于世。

这种场景，与洪应明在悠闲的白天，来到人迹罕至之处，聆听悠扬的鸟语；在寂静的深夜，仰看深邃无垠的夜空，耳目也就变得清澈高远的境历，有异曲同工之妙。

王维、洪应明们都拥有一颗宁静致远之心，心绪也就得以把握更宏宽辽远的时空，可以包容更多的事物，思维更敏锐，记忆更清晰，感受更细腻，认识也就更全面、更深刻：

——在自我认识的方面，静观有助于把握自我的真实本性，有助于萌生人生的忏悔意识，从而驱除痴心妄想，完善人生，得以达到修身养性的目的。此种静观，最好在夜深人静时。

——在个人心智的把握上，我们不少人都有过如此的经验，或因外界嘈杂，或因内心烦躁，一些平日记忆好的内容，却怎么也不能回忆起来；境遇一变，或因外界清宁，或因内心宁静，过去时日所遗忘的内容，又涌上心头，恍在现前。可见，人在或静或躁的内外环境中，也就顿然有了或明或昏的差异。在洪应明看来，作为人，我如果常能身闲心静，宁静致远，别人就难以用一时的荣辱得失来差遣我，别人也难以用一时的是非利害来蒙蔽我。

——在认识社会与人物是非的方面，以伊吕和夷齐为例，伊吕是指辅佐商汤攻灭夏桀的伊尹和辅佐周武王攻灭商纣的吕尚（姜太公），他们功勋盖世，并称为古代贤相。夷齐则是伯夷和叔齐这两兄弟，他们先是互相谦让君位，进而又都先后放弃了君位继承权，最后因不满周武王灭商建周，在道义的感召下，他们拒吃周粟，直至饿死，他们的高风亮节，一直被视为节义的典范。即便如此，洪应明还是把他们视为大海泛起的泡沫。因为心静者较之心躁者，拥有更宽广的可供人事是非周旋的心理空间，从而也就能以更高的气魄与眼界来看待世事人生的沧桑风云。也是因为伊吕与夷齐的作为在漫长的历史时空中，仅是沧海一粟而已。这里表达的是一种恢弘博大的历史意识。

王维像，图出自清·上官周绘《晚笑堂画传》。

——在处世方面，经验丰富者往往教诲初涉人世者遇事要冷静处之，因为冷静能使人作出准确而又快捷的判断与反应，能挖掘个人心智的潜力。所以，是否冷静，是智慧与愚蠢的分水岭，这是不因时代的变迁而变化。

尤其我们在现代社会中，人际关系变得复杂化，个人能否保持宁静的心境，就事关全局。

有鉴于此，发达国家的一些公司，如美能达照相机公司为公司职员专门开设了静坐沉思室，每室仅有一桌一椅，上班的公司职员可随意进入，独自静坐，从而得以避开任何人、事和电话的干扰，使想象与创造力获得自由发挥。不少有助于公司管理与生产的方案措施，就这样不断萌生在静坐者的头脑中。即使某些职员是在静坐沉思室里睡了个短暂的懒觉，他也不会受到指责，因为这有助于他恢复精力与体力，做好下一阶段的工作，更何况有些灵感创意还是诞生在宁静的梦乡之中的呢。

在日常的待人接物中，宁静的心境有助于我们始终保持谦和的态度、悦和的语气,既给人留下亲切的形象,也有助于问题更好的解决。

生活中曾有这样一个脾气急躁者,他因急躁而屡屡坏事,为了改掉自己工作生活中的急躁习性,他每天就用彩笔在自己的左手心上写上一个“静”字,逢到自己又将重犯急躁的毛病时,他就往手心多看几眼,默默告诫自己要冷静冷静再冷静。同时,在业余时间,他通过参加多种体育运动、郊游等等,宣泄自己旺盛的精力,一段时间后,他的努力取得了成效,他不用再在手心上写字了,因为自我克制已成为了他的自主意识的一部分,亲人与同事们觉得他更通情达理,平易近人,他也有了心气平和的良好感觉。

可见,宁静致远。

宁静的心境,足以使人把握更高远也更深刻的思想,使人从容处世,它并不仅是田园诗人与思想家的专利,而是成熟人生智慧的一个重要环节。

人生得失一念间

曾经有一名叫信重的武士慕白隐禅师之名而来求教:是否真的有天堂和地狱呢?

白隐禅师没有直接回答他的提问,却反问他的职业,当听到他的回答后,白隐禅师以不屑的语气说道:“武士?你是武士?哪家主人会请你当保镖?看你的面孔气色,活脱脱就是一个乞丐。哦,你还佩着一把剑,你的剑一定是钝到连我的脑袋也砍不了的!”

武士都把荣誉与名声看得比生命还重要。因此,受到了奚落而马上怒不可遏的信重,马上就伸手挥剑。

此时,耳边传来了白隐禅师的那毋庸置疑的声音:“地狱之门正在打开。”

信重闻言,一怔之后,当即意识并信服了白隐禅师的言行高深,于是,他马上收剑并向白隐禅师鞠躬请罪。

“天堂之门由此敞开。”白隐禅师缓缓地说道。

在这一则著名的禅话中,白隐禅师通过设问,说明了天堂与地狱存在于人的主观意识中,说明了人或因行善而升天堂,或因作恶而堕地狱,只不过是受当事者的一个念头所支配的行为决定而已。

于是,信重先是用他的拔剑之手,即将打开了地狱之门;再又通过他的收剑之手,继而打开了天堂之门。

其中的差距,仅仅是一念之间。

其理确如禅家所言:“前念迷即凡,后念悟即佛。”

可见,在标有正负取向的人生坐标中,个人的一念之间,能促令人步入天堂,走向成功;一念之差,则能使人堕入地狱,备受煎熬与惩罚。

每个人不同的人生进程,都免不了受这一念那一念的影响。而在面临大是大非问题的抉择时,或面临着人生转折取向时,这种影响甚为关键,乃至有着重大与深远的影响。

不是吗?即使是大至救人或杀人,拒贿或受贿……也都取决于一念之间。

正如洪应明所指出的:某些人的一念差错,就足以将一生的努力与功绩丧失殆尽;某些人的终生谨慎,也难以掩盖在一件事上的过失。以致个人动错了一念,那么他所做的一切就会遭到非议……因此，防止动错一念，就如用来渡海游泳的浮囊一样，容不得哪怕是一个针头大小的隙缝漏洞。

所以，洪应明提醒人们：只有保持清醒的念头，在日常生活中保持一尘不染的纯洁，才能避开那种种类似神弓鬼箭式的神奇报应。

自然，一念又一念，不是绝对不可变的，而是相对的。

问题在于：一念又一念，应该如何转变？向何处转变？

在洪应明看来不论是哪一个人，倘若他能把积累货物财富的迫切心思用来积累学问知识，能把追求功名的全部意念用来追求道义德行，能把爱护妻子儿女的深切感情用来挚爱父母长辈，能把保官保爵的计策用来保国保家，有了这种出此入彼的转念，虽说意念思虑仅有毫末之差，但已有了由凡入圣、由私至公、由平凡至高尚的转变，人品也就有了天地之别。

逸安分　平淡远祸

历史上有不少人依附于权贵的奸佞之辈，一时荣华富贵作威作福，但他们所依附的权贵本身就如一座冰山，转眼之间家破人亡，有的甚至被诛灭九族，人们谁还会记住这些人呢？只有那些不贪名利不趋炎附势的人，每天过着自由恬淡的生活，才能宁静以致远，淡泊以明志，远祸而快乐，历史往往是"惟有隐者留其名，"那么奸佞小人们所追逐的东西又算得了什么呢？

彭玉麟铁锁横江图，出自清·马骀《百将传图》。彭玉麟是清朝湘军著名将领，在与太平军作战中，用铁锁横江，以防太平军溯江而上。

彭玉麟是清朝著名的将领，早年曾经跟随曾国藩创办湘军水师，参加了镇压太平天国起义。彭玉麟同曾国藩、左宗棠、胡林翼等被当世的人一起称为"同治中兴"的四大名臣。他以刚正不阿、严刑峻法闻名朝野。有一年，彭玉麟被皇上任命为钦差大臣，并且受命南下巡视长江水师。经过安徽合肥，在当地有一个人横行无忌，夺人财物，霸人妻女，而这个人正是朝内权臣李鸿章的一个侄子李衙内，当地官府由于害怕李鸿章的权势所以都不敢过问。彭玉麟到合肥问明缘由后，令人手执自己的名帖，请李鸿章的侄子前来。李鸿章的侄子如约来到后，彭玉麟唤来乡民同他对质，彭玉麟指着告状的乡民，问："这人告你霸占了他的妻子，是真的吗?"李衔内想着自己背后有李鸿章撑腰，便有恃无恐地承认了。彭玉麟勃然大怒，立即命人将其痛笞一顿。当地县官听到这个消息，急忙赶来为李衔内求情。彭玉麟不理睬。不久，安徽省巡抚也送来名帖求见。彭玉麟猜想他也是为了李鸿章侄子的事而来，于是一面派人迎接来客，一面令人速斩李衔内。事后，彭玉麟给李鸿章写了一封信，告诉他"令侄败坏您的家声，想必亦是您所痛恨的，我已替您处置了"。李鸿章心里十分气愤怨恨，却也知道对方有理有据，只好违心回写了一封信向彭玉麟道谢。

李鸿章之所以拿彭玉麟没辙，正是因为彭玉麟证据在握，正理在手，心胸坦然，李鸿章不敢拿他如何。

活着是一种心情

人活着是一种心情！这个世界本来很简单，是我们自己把它复杂化了。随之而来的就是痛苦，人之所以痛苦，是由于你没有按照自己喜欢的方式生活。多数人在按照别人的要求生活，刻意改变，违背内心，所以痛苦。

快不快乐都是由自己决定的，只要愿意，我们可以随时调换手中的遥控器，将心灵的视窗调整到快乐频道。

在洪应明看来"福不可徼，养喜神以为召福之本而已"。

我们从来没有思考过为什么做一些事情。比如为什么读书、为什么上学、为什么上班。但是，我们一直这样生活，这是世袭的一种习惯。就像关在旋转笼子里的小白鼠，每天拼命地跑，不管多么努力，笼子多大，始终改变不了这种老鼠笼子的生活。

有这样一个故事，一个打柴的老头走累了，在大树下乘凉，微风吹过，他感觉很舒服。这时有个好心的过路人问他，你为什么还不赶紧打柴去呢？老头说："打柴干什么呀?"过路人说："打柴卖钱呀。"老头说："卖钱干什么呢?"过路人说："卖了钱，好买好吃的、好穿的，让你过上舒服的日子呀!"老头就问过路人："那我现在干什么呢？我现在就很舒服呀!"过路人听后无言以对。

现在的人都有一种时代病，就是累！解决累的根本方法就是要领悟其实活的是一种心情！

有一个原本优雅的女性向心理医生做咨询。她说，因为一些捕风捉影的事闹得自己很不开心，曾经优雅、从容淡定的女人仿佛一夜间换了个人似的，忧心忡忡，那一段时间她都不知道自己到底怎么了，一个有修养的女性近乎失去理智。医生告诉她：人活着就是一种心情！

于是，医生告诉她保持心理平衡的五大法则：

(1)真正重视"一个中心"：以健康为中心，权、名是一时的，财产是后人的，只有健康才真正属于自己。

(2)经常实践"两点"：糊涂一点，潇洒一点。

(3)充分认识"三个忘记"：忘记过去、忘记年龄、忘记恩恩怨怨。

(4)注意"三个不"：不要不服老，不急躁，不生气。

(5)做到"四乐"：进取有乐、知足常乐、助人为乐、自得其乐。

(6)处世求得"五然":凡事顺其自然,遇事处之泰然,得意之时惕然,失意之时坦然,艰辛曲折必然。

人活着就是一种心情。得或失,荣或辱,贫或富,一切也只是过眼云烟。心情好,一切都好。因为有了心情,感觉每天的阳光都是灿烂的。因为有了心情,人们的心灵是相知的。因为有了心情,不再去埋怨一切的不公。因为有了心情,可以和朋友分享快乐,也愿意为他人分担忧愁……所以我们应该保持一颗舒畅的心情快乐地活着。

怒火沸处,转念则息

如果把人"怒"的本能情感逐步理智化,是需要一个修养过程的。要逐步以自己的毅力把这种怒气和欲望控制住,才可能使一切杂念都成为你的精神俘虏,使自己转而变得轻松愉快。怒火欲水本是一念之间的事,修养好了,一念之间可以使自己变得高雅;杂念多了,便逐渐庸俗,以至养成许多恶习,自然烦恼就越发多了。

唐代武将郭子仪,因屡立战功,唐代宗对他器重有加,于是把女儿升平公主嫁给了他的儿子郭暧。

一天,郭暧不知为什么事同公主吵起嘴来。郭暧这个人性子很直,火气也大,便没好气地数落了公主几句:"你以为你爸爸是皇帝就了不起吗?我爸爸是因为瞧不起皇帝这个职位才不做的呢!"公主从小就娇惯,父母什么事情都得依着她,从没受过委屈。她听了丈夫的话后,很伤心,一气之下坐着车子跑回娘家"告状"去了。皇上看到女儿回来了,很高兴,老远就起身迎接。然而,公主见到父亲,脸上并没有笑容。皇上问她为何不高兴,公主一把眼泪一把鼻涕地把丈夫说的话说了出来。皇上听完后,哈哈大笑道:"你丈夫讲的话意思你不明白,如果他父亲真的做了皇帝,天下岂不就是你家所有了吗?"安慰一番后,皇上劝女儿回家。

唐代名将郭子仪像,图出自明·天然撰《历代古人像赞》。

郭子仪得知儿子与公主吵架并说了些有辱皇上的话后,很恼火,立即派人把郭暧捆起来,带回宫中等候判罪。代宗听说女婿被他父亲拘了起来,连忙前去圆场。代宗说:"儿女们的事,父母何必那么认真?民间有句俗话:'不装聋卖傻,假装糊涂,是不能当好家长的'。儿女们闺房中的话,怎么能随便相信呢?"

如果代宗火上加油,不仅郭暧夫妻关系会恶化,而且郭子仪一家性命难保。然而,聪明的代宗却不动肝火,简单几句话便巧妙地化解了一场即将涨起的家庭纠纷。

欲有尊卑，贪无二致

俗话说欲有尊卑，贪无二致。王莽以皇亲国戚起家，屈己下人，勉力而行，从而博取名誉，赢得了家族称赞，得以登上高位，辅佐朝政。他表面上一副为国家辛勤工作、公正贤良的表象，好像宽仁厚道，本质上却虚伪奸诈邪恶，他篡夺皇位、窃取政权，和一般的权奸没有二致。

王莽的父亲王曼是太后的异母兄弟，但王曼死得早，未能封侯，王莽家就相对比较寒酸。少年王莽立下大志，决心有朝一日位极人臣，让那些飞扬跋扈的兄弟们看一看。

要想爬上高位，必须要弄个诚实的好名声。于是，王莽发奋读书，勤学好问，生活节俭，疏远游手好闲之徒，结交饱读诗书的京中名士，对人礼貌，十分恭谨，于是在京城中首先获得了好名声。

有了好名声，并不等于能爬上高位，最关键的是那位当大司马的王凤。于是王莽就竭力讨好王凤。有一次，王凤得了病，他精心伺候伯父，一直守在病榻边，细心照料，事必躬亲。小至请医把脉，大至煎药倒尿，毫无怨言，煎好药时还要亲口尝一尝。王凤病重时，他衣不解带，昼夜服侍，脸都顾不得洗，这种诚心令伯父非常感动。王凤在临死之时，亲口向太后交托要她照顾王莽。王莽得以升为“黄门侍郎”，后又升为“射声校尉”。

王莽对其他几位叔父，也千方百计地表示出尊敬、诚厚、老实、勤俭的样子。终于又感动了一位叔父王商。王商细一思量，这整个王家花花公子多，勤俭弟子少，真正能保住王家基业的只有王莽一个。于是他上书皇上，表示愿意把自己的封邑分出一半给王莽，让他也封侯。朝中大臣也纷纷上书，夸奖王莽德才兼备，应该重用，引起皇帝重视。成帝永始元年（公元前16年），王莽被封为新都侯，官职又升到骑都尉，光禄大夫。

王莽像

王莽虽然做了大官，仍然是一副谦逊谨慎，诚厚忠心的神态，而且十分节俭，不蓄家财，钱财都用于资助名士，颇有轻财重义的豪爽气概。

王莽的哥哥王永早死，王永的儿子王光和嫂子由王莽供养。王光读书，王莽特地带了酒肉等礼物慰问王光的老师，与王光一同读书的同学也受到赠送。王莽身居高官，如此礼贤下士，令他的先生们感激不尽，这些先生们官位低微，一副寒酸相，谁又看得起他们，唯独王莽慧眼有珠。这样一做，先生学生争相宣传王莽的美德。

朝中继王凤任大司马的王根也是王莽的叔父，王根病重，多次请示卸任，王莽遇到千载难逢的时机。

公元前8年，王莽出任大司马。

王莽因为大司徒孔光是著名的儒者，辅佐过三个皇帝，是皇太后所尊敬的贵人，全国人都相信他，于是极力尊敬地对待孔光，选用孔光的女婿甄邯担任奉车都尉加侍中衔。

当时依附顺从他的人被提拔，触犯怨恨他的人被消灭。对哀帝的外戚和他向来不喜欢的在职大臣，王莽都罗织他们的罪名，写成请示奏章，让甄邯拿去交给孔光。孔光一向小心谨慎，不敢不送上这些奏章，王莽再报告皇太后，这奏章总是被批准。

王舜和王邑成为他的心腹，甄丰和甄邯掌管纠察弹劾工作，平晏管理机要事务，刘歆主管典章制度，孙建成为他的得力助手。还有甄丰的儿子甄寻、南阳郡人陈崇都由于有才能而得到王莽的宠爱。王莽脸色严厉，说话一本正经，想要有所行动，只需略微示意，同伙就会秉承他的意图明白地报告上去，而王莽自己却磕头哭鼻子，坚决推辞那些事，对上用这种手段迷惑皇太后，对下用这种手段向广大群众显示诚实。

一次，大臣们向太后报告说，王莽应该比照以前的大司马霍光和萧相国的成例受封。王莽上报告说："我和孔光、王舜、甄丰、甄邯共同决策拥立新皇帝，现在希望仅条陈孔光等人的功劳和应得的赏赐，放下我王莽，不要和他们相提并论。"大臣们建议说："王莽虽然克己让人，朝廷还是应当表彰，表明重视首功，不负众望。"皇太后便下诏书把召陵、新息两县民户二万八千家封给王莽，免除他的后代的差役义务，规定子孙可以原封不动地继承他的爵位和封邑，褒赏他的功勋，仿照萧相国的成例。任命王莽担任太傅，主持四辅的工作，称号安汉公。之后又把从前萧相国的官邸作为安汉公的官邸，明确规定在法令上，永远流传下去。

当时王莽装作诚惶诚恐的样子，不得已才上朝接受策命。王莽接受了太傅的官位和安汉公的称号，辞谢了增加封地和规定子孙可以原封不动地继承爵位、封邑这两项赏赐，说是希望等到老百姓都富足了，然后再给予这样的赏赐。各大臣又力争，王莽又推辞没有接受，而建议应当把诸侯王的后代和自从高祖以来的功臣子孙赐封为列侯。

王莽已经赢得了大家的好感，但他最想要的是专权独断，随着地位的巩固和权势的增长，王莽的权欲愈益滋长。他从政治斗争的得失中认识到，控制皇后是至关重要的，这可以巩固他的权位。他在元始二年(2年)提出为平帝议婚，打算乘机把自己的女儿配为帝后。为此，王莽展开了各种活动，终于达到了目的。

不久平帝去世。在议立新君时，元帝一系的子孙已经灭绝，宣帝一系有曾孙数十人，他们都已成人，不利于王莽篡位。王莽借口"兄弟不得相为君"，就在宣帝玄孙中挑了一个年仅二岁的刘子婴来即位，以便从中行奸。这时，王莽的党羽迎合王莽的意思，假造了一个刻有"告安汉公莽为皇帝"的符命石。王莽的党羽上奏王政君，王政君坚决反对："这种诬告天下的事，不可施行。"然而，王政君经不住王莽党羽的蛊惑，糊涂的王政君竟然下令允准王莽"如周公故事"。至此，王莽名义上虽是"摄皇帝"，而其他一切礼仪、制度都无异于皇帝。

当了摄皇帝，他还想当真皇帝。王莽的党羽密谋弄假成真时，王莽"谦恭"的假面具被揭开,“巧伪人”的真面目暴露无遗。一些过去对王莽认识不清的人和部分汉室子弟开始觉察到了王莽的野心,他们举行了好几次试图推翻王莽的起事和政变,但都没有成功。王莽的党羽把这些比为周公居摄时的“管蔡之变”,说什么“不遭此变,不章圣德”。但王莽心中明白,深恐夜长梦多,就在他“居摄”的第三年便匆匆忙忙公开篡位夺权了。当他派堂兄弟王舜去向王政君索要传国玉玺,准备位登大宝时,王政君才彻底地看清了王莽的真面目。她痛骂王莽和王舜,把传国玉玺狠狠地摔在地上。从此,王政君与王莽彻底决裂,退居深宫,仍穿汉家服饰,按汉廷旧制生活,以示坚守名节,不与王莽同流合污。

公元6年,王莽正式称帝,封国号为“新”。至此,王莽彻底暴露了“大奸似忠”的真实面目。

修身的界定

要修身,必须明确了解社会伦理关系中最重要的一些范畴如道、德、仁、义、礼、智、信、忠、顺,以及负面的范畴如暴、虐、狂、惑、险、逆等。古人对此早有界定。

如果仅仅内心明白了某种道理,但不借助语言,就不能把这种道理表达出来;把某种事物用一定的名称规定下来,但不借助语言,就无法把它与别的事物区分开来。不借助语言表达自己内心的思想,就无法与别人沟通交流;不借助名称来区分事物,就无法显现你对事物本质的认识。但如推本溯源,并非事物自来就有名号称谓,也并非道理自来就有固定的概念范畴。而要区别事物的本质就必须为它们规定不同的名号称谓;要传达你内心的思想,就必须确立一定的概念范畴。

道,就是人必须遵循的规律。坐在那里时,知道自己将要做什么;出行时知道要往哪里去;办事知道所凭借的条件;行动起来要知道什么时候该停止,这就是道。德就是人所获得的,也能够使别人各得其所就是德。仁就是爱,得到利益,除去祸害,博爱无私就是仁。义就是合宜,明确是与非,肯定与否定的界限就是义。礼就是人们必须要实行的,或进或退必须有一定的规范,尊卑、长幼、上下、贵贱都要有所差别就是礼。智就是人们的知识,用来判断得失、是非等的能力就是智。信就是人们的承诺,发号施令时,都以最高统帅一人的意志为准则就是信。看到事物的开端,就能预知它的后果,执不变之道应对变化无常、复杂多端、形形色色的具体事物就是术。

顺从君主的命令,其结果也确实有利于君主就是顺。顺从君主的命令,君主不正确而臣下顺从就是逆。违背君主的命令,却对君主有利就是忠,用高尚的德行遮护君主并能感化他,这是最大的忠;用自己的品德弥补君主品德的缺失是次忠;以正确的意见劝谏君主不正确的做法,激怒君主是下忠。违背君主的命令而且不利于君主的就是乱。君主有错误,而且即将威胁到国家根本利益,这时能畅所欲言,陈述己见,君主采纳,便留下来继续为官,不采纳便辞职回家,这是谏臣。采纳自己的意见便罢,不采纳自己的意见,便以死明志,这是诤臣。能率领群臣向君主进谏,解除国家的祸患,这是辅臣。违抗君主错误的命令,改变君主的行事,使国家从危难中安定下来,消除了君主的耻辱,这是弼臣。所以说谏、诤、辅、弼之臣才是国家的忠臣,明主的财富。

如果什么都不管,一味求进就是佞,观察君主的好恶然后说话就是谄。说话不分别是非一味顺从就是谀。好说别人的坏话就是谗。假装称誉别人,而实际上希望别人倒霉叫慝。不分善恶,两者兼容,都表现出和颜悦色的样子,暗中却盗取自己想要的东西就叫险。古语说:用可行的方法补救不可行的方法就叫和。无论对自己喜欢的还是憎恶的,一概不表示反对意见就叫同。用贤者取代贤者就叫夺。用不贤者取代贤者就叫伐。法令本来宽缓,可是定罪却很苛刻就叫暴。把好的东西都窃为己有就叫盗。自己有罪恶却不知改过就叫虐。态度恭敬却不合于礼数就叫野。有禁令也不停止自己的所作所为就叫逆。禁止错误的,树立正确的就叫法。明知是善事而执意不去做叫狂。明知做了坏事却不想改正就是惑。敛取天下珠宝、玉石、美女、金银、彩缎就叫残。收用暴虐的官宦、滥杀无罪的人,完全不按法度就叫贼。不体恤国君的荣辱,不体恤国家的得失,苟合取荣,拿国家的俸禄供养自己的朋友,就是国家的盗贼。贤人不来报效朝廷就叫蔽。忠臣不来报效朝廷就是塞。表面上选择仁爱而实际上违背仁爱就叫虚伪。不以诚心对待臣子却指望臣子以诚心侍奉自己就叫愚蠢。从混沌的状态中分离出来成为人就是性。秉受天地之性叫命。凡是人都有金木水火土五种禀性,但不同地域的人却有刚、柔、缓、急、音、声的差别,这是与水土之气有关系的,这就叫土风。

圣贤是后天修成的

孔子是金、木、水、火、土五行所造成的化身,由阴阳二仪化生而成的品性。其他的圣人,具备金气较多的人一般刚毅果断,具备木气较多的人就朴素率直,具备火气较多的人则迅猛刚烈,而得到水气较多的人就明澈圆融,得到土气较多的人则沉着浑厚,具备阳气较多的人就光明豁达,得到阴气较多的人就沉默精细。这七种圣人在原则问题上和大节上是相同的。

孔子与颜渊一生贫穷困顿,没有受到帝王的任用,但这并不妨碍他们的仁德遍盖天下。因为覆盖天下的仁德都集中在他们身上,而要以仁德覆盖天下的思想,他们一天都未曾忘记。

圣人的言行举止并不妨碍他们的气质,贤人的行为不是表现出雄浑厚道就是率直大方,于是将气质体现在本人的行为举止上;圣人不沾染地方风俗,假若贤人出生在燕赵之地,他的性格就表现出豪侠慷慨,若是生长在吴越之地就表现得宽容柔和,那便是染上了地方风气习俗。

至善的圣人,总能让自己的个性和道理互不相冲,并能和道融为一体,不需要考虑,只管大胆地横冲直撞,刚好和中庸之道相吻合而毫不偏

孔子像,图出自明·天然撰《历代古人像赞》。

颇。与这相反,经过修养磨炼而成的圣人时刻都小心谨慎,总是按规矩行事,前后环顾,才能够达到中庸的境地。假若稍有放松,便会有超过或者达不到的差错。所以希望那些圣人君子的心目中,每时每刻都不恣生肆意纵情的邪念。

圣人能够守住自己的心让它专一不二,而且又能达到道德完备,专一不二的心可以让人达到独到精深的造诣,德才兼备就能领略到他各自的精妙所在。有的圣人只具备专一不二的品质却没有德才兼备,所以他们的见解受到了约束。

性格刚毅的品德之所以可贵,就在于他们用刚毅来战胜自己的柔弱,而并非用它来战胜别人。子路不能战胜克服自身好勇的缺点,因而被勇字所折服,最后也没能成为刚毅的人。圣人的弟子里能够称得上刚毅的人要数谁呢?我认为忠信诚实的颜渊能够算得上刚毅的人,其次就是笨拙迟钝的曾参了,其他的就没有听说过了。

圣人的修养治身之道不足为奇,倘若奇特,便不是圣人而是贤人了。

战国时代是一个气运残酷的时期,也算是一个虚伪狡诈的世道,那个时期的君王只讲富国强兵的策略。臣子除了夺取功名利禄的策略其他的就不干,整个天下的正气唯独集中于孟子一个人身上。所以孟子特别痛恨当时世道严酷无情,对黎民百姓非常担忧。

清、任、和、时,是孟子对伯夷、伊尹、柳下惠、孔子这四个圣人所做的评价。“祖述尧舜,宪章文武,上律天时,下袭水土”,这是子思称赞圣人孔子的话。

圣贤之人经过修养能够获得上天所赐给的完整道理;仙家通过修炼获得上苍赐予的完整的气运。如果精神一旦脱离了肉体,仙家也不可能不死,只是他留下的正气与道理永远存在。圣贤即使是道德修养达到了最高境界也从没有不死的,只是他留下的正气与道理永存。至于说到修养的深浅与寿命的长短问题,那就和他自己的气质的浓厚与浅薄有关系了,而圣贤却并不计较这些了。

法令施行,可以让泥人木偶都来遵守执行;恩惠所浸润的地方,可以让枯木萌生出新枝;教化所抵达的地方,可以让鸟兽都驯服;精神所感染的地方,可以让鬼神都感通,也只有圣人才能做到这一切。

圣人从不强人所难,只是稍稍点拨启迪一下他自觉自愿的心愿。

参与、协助天地化生教导万物的圣人,虽然身处在人类之中,其实却是一个活着的天。

孔子只不过是一个贯通各种事物的人,除了贯通之外就不会有孔子。

圣人不会随着运气走,更不会随着风俗走,也不会受某个人的气质所左右。

圣人能平衡天下事,但并不是像移山填海那样,而是高出一寸就减掉它一寸,低一分就补添它一分。

圣人之举动到了无法理喻明了的地步就叫做神。不可知是可知的源头,没有不可知就无法生出可知来,如果没有可知那么不可知也就无处归附。

世上的人只是因为有了这种知觉,就生出许许多多的情缘,也就无故添了许多的苦恼。花落飘零怎么能没有生与死?它只不过是委婉柔顺地听从大自然的安排而已。富贵、贫贱、生死、宠辱等,这一切对圣人来讲,也未尝不像落花飞絮那样听从自然的安排。即使有知觉,却不会因此而感觉到痛苦。

圣人不会感到不自在,反省内心没有感到愧疚,就没有忧虑和恐惧。外来的灾难,也不会怨天尤人。只是有一些放心不下的地方,那就是敬畏天命,为百姓的穷困尧舜登庸受禅图，描绘了舜接受尧的禅让继承帝位的情景。

感到悲叹。定、静、安、虑这几种心态，圣人没有哪个时刻不是这样。任凭它喜、怒、哀、乐，而圣人的定、静、安、虑的心境一丝一毫都不会有所改变。

孔子说他到了七十岁以后才能达到随心所欲的境界，任何念头都不会超越这个规矩，即使是六十九岁也还不能做到这一点。一般的人一生只知随心所欲，当然学不好？圣人学问老老实实，胆战心惊只为了克服一个“从”字，不要戒慎恐惧，就说要忧勤惕厉，就是要防止从心所欲。难道没有快乐的时候？快乐也只是乐天知命。但众人的欢乐却和圣人有所不同。假若能做到随心所欲又不偏离轨道，假如圣贤的本性不与普通人相同，那就没必要修养磨炼了。

阳光对万种形体，镜子对于万般景象，风对于各种事物发出的声响，尺度权衡对于各种事物的轻重长短，圣人对于天下万事万物，因为它们的本性，交付于自然，丝毫都不加以干涉，然后感动得常常平静，应承得经常安逸。欢乐来自于上天，愤怒来自于上天，而我心中的上苍依然如故。各种物体均因受到感动而急迫不安，万众骚动而各种矛盾纵横交错，而我的心中的自然依然如故。

如果一生中没作过欺瞒的事情，这是一种很大的快乐。

尧舜虽然是生而知之、安而行之的圣贤之人，但是尧舜也有他们自己的工夫与学问。但是他们的聪明与睿智超过普通人千倍百倍之多，怎么能不靠见多识广，怎么不需要思考？朱文公曾这样说：“圣人生知安行，更无积累之渐。”圣人自有圣人的生活积累，并非儒者所知。

圣人不矫揉造作以示高明。

圣人从来没有昏庸困惑的地方。

《诗经·周颂·酌》说：“遵养时晦，时纯熙也，是用大介。”意思是讲退而养精蓄锐，等待时机，时机一旦成熟，一动兵戈就可定天下。天命与人心这两样一丝一毫也不能借助别的。商朝根深蒂固，须要等到天命人心丧失到最大限度，没有牵连，好比瓜熟蒂落、栗子熟了自己落下一样，不需别人去剥去摘。且莫说文王的时候能不能动手，即使到了武王的时候，商纣王又失去了几年人心，武王又收拢了几年人心。《尚书》中《牧誓》、《武成》两篇就记载了武王代纣的事，费了多少口舌去动员百姓民众。《多士》、《多方》两篇记载了守业的情况，那又是何等的让人担惊受怕。这一切都是因武王在时机尚未成熟时生摘硬剥地去攻取商纣的结果。这又好比疮疖脱落、小鸡从蛋里孵出，差一刻都不行。

假若是文王处在武王的时期，定然不会轻易下手，或者会让位给微子、箕子他们，像舜禹那样，自己躲避到南河、阳城去，慢慢地再观察天命人心的归属。如果属于自己，就把握住，不属于自己，自己就不招之使来。只管安心定志，听凭它自去自来而已。这便是文王所以称之为有至德的原因。假若文王安然接受那二分人心的归向，不单单有损至德，假若殷纣王出兵来讨伐叛变的人，即使不能取胜，文王又怎么能推辞掉叛变的罪名呢？即使是比文王相差万倍的人也不敢接受背叛商朝的叛国之罪啊！可见周文王的仁熟智精之举，他可谓圣人。

周文王像，图出自明·天然撰《历代古人像赞》。

做到静，才能把握住动

明代的吕坤说违犯了法律，也许还能四处逃避；若是触犯了天理，那么就没有安身之处了，因此，君子畏惧天理远远超过害怕法律。

有人这样问："鸡叫就起床，还没做事又怎么行善呢？"程子说："只要心中有所敬畏就是行善。"我以为：只有圣人无事时才不会有思虑。一般人刚躺下就会有所思考，或是想起以前做过的事，或是考虑明天要做的事。因为这个时候更容易控制自己的欲念；更容易清醒理智地剖析自己。因此说，摒弃邪恶须从细微处开始，保持仁爱和善须从内心做起。

眼睛如果昏花，看一切事物都是虚幻模糊的；耳朵如果有"嗡嗡"作响的毛病，那么听到的一切都是假的。心中如果有顾虑与牵挂，那么处理一切事务时所产生的意识和判断也都是虚幻的。因此，人的心境能达到虚无的境地难能可贵。

遗忘是没有留心的原因，拔苗助长刻意人为是过于留心，人心应当从容自在，在真实虚无间来去自由才是真正的人心。

"静"这个字，每时每刻都需要。一旦没有静就会混乱。门每天不停地关和开，而户枢却经常保持不动；美丽与丑陋的容貌每天在镜子面前晃动，而镜子始终保持宁静；人们天天忙于种种应酬，而心灵却静如止水。只有做到了"静"，才能把握住"动"。如果随波逐流，人动我动，所做之事就一定不会有什么结果。即使在睡觉时，如果不保持宁静的心，那么所做的梦也一定会胡乱荒诞。

如果沉静自己的意念，还有什么真理不可以得到呢？如果把自己的志气振奋起来，那么什么都可以做得很好。如今的学者们，只用一个浮躁的心理去观察事物，用一种委靡不振的心态去从事他的事业，只能糊里糊涂地虚度一生。

心平气和说起来很容易，如果没有一定涵养是做不到的。最重要的就是要消除火性。火性消除后万物就会变得清晰明了，万事各得其理。水性清纯透明而火性昏躁，所以静的属性是水，动的属性则是火。因此，病人一旦发火就会狂躁不安，待他清醒安定后，一点也不记得病中的情形。之所以能够清醒安定，是因为水澄清了，火熄灭了。所以人没有火性就无法生存，然而没有火性也不会死亡；干事情没有风风火火的干劲就不能成功，而没有火性也不会失败。唯有君子善于处理火性，所以身心安定泰然，然后才得以滋长德业。

当一个人能够去怨恨别人、能够对人发怒、能够为自己辩白、能够对人倾诉、能够表达高兴或惊讶的时候，他却依然保持平和宁静的心境，这需要深的涵养才能办得到。

自身的长处要掩藏几分，这叫做用含蓄来培养自己的深厚德行；别人的缺点要替他掩饰几分，这叫做浑朴厚道，用其培养自己宽大的胸怀。

思考事情的最佳方法是静心忍耐。安稳周详，是处理事情的最好方法。谦虚忍让，是保全自身的最佳办法。把那些富贵、贫贱、生与死以及人生坎坷置之度外，是修身养性的最好方法。

在思考问题时，要看得出春天并不是繁花似锦，夏日并非凉风舒畅，秋天并不是寂寞冷落，冬季并不是万物凋零，只有这样才会安心。

藏巧于拙，以屈为伸

做人不必过于暴露锋芒，要善于潜藏，要善于韬光养晦，夫能屈能伸，只有这样才能成就大事业。以守为攻，以退为进，同样能把主动权掌握在手里，胜券在握，潜藏不露才是人生的真正智慧。

南朝刘宋王朝的开国皇帝宋武帝刘裕临死托孤给司空徐羡之、中书令傅亮、领军将军谢晦、镇北将军檀道济。并告诫太子刘义符，在这些人中，谢晦最难驾驭，应当小心。

刘裕是个有作为有识见的开国皇帝。但不幸的是，一没选好继承人，二没有完全正确估计这几位顾命大臣。

刘裕死后，其长子刘义符即皇帝位，史称营阳王。

刘裕的次子名义真，官南豫州刺史，封庐陵王。

刘裕的第三个儿子名义隆，封宜都王。即后来的南朝宋文帝。

刘义符做上皇帝后，不遵礼法，行为荒诞。

徐羡之在刘义符即位两年后，准备废掉刘义符另立皇帝。按刘义符的行为，废掉他是理所应当的。但徐羡之等人因为怀有私心，贪权恋位，谋权保位，竟把事情做绝，遭到杀身之祸。

要废掉刘义符，就得由别人来接替皇帝的班。按顺序该是刘义真，但刘义真和谢灵运等人交好，谢灵运则是徐羡之的政敌。为了不让刘义真当上皇帝，徐羡之等人挖空心思，先借刘义符的手，将刘义真废为庶人。接着，徐羡之、傅亮、谢晦、檀道济、王弘五人合力，发动武装政变，废掉了刘义符，以皇太后的名义封刘义符为营阳王。

然而，还没等新皇帝即位，徐羡之和谢晦竟主谋分别将刘义符、义真先后杀死。

刘义隆被他们押立为新皇帝。刘义隆面临的是控制朝廷大权的、杀死自己两个哥哥的几个主凶。

新皇帝当时正在江陵郡（治所在今湖北江陵）。徐羡之派傅亮等人前往迎驾。徐

南朝宋武帝刘裕像，图出自明・天然撰《历代古人像赞》。

羡之这时又藏了个心眼，恐怕新皇帝即位后将镇守荆州重镇的官位给他人，赶紧以朝廷名义任命谢晦做荆州刺史、行都督荆湘七州诸军事，想用谢晦做自己的外援，于是将精兵旧将全都分配给了谢晦。

刘义隆对是否回京城作皇帝犹豫不决。听到营阳王、庐陵王被杀的消息，刘义隆的部下不少人劝他不要回到吉凶莫测的京城。只有他的司马王华精辟中肯分析了当时的形势，认为徐羡之、谢晦等人不会马上造反，只不过怕庐陵王为人精明严苟，将来算旧账才将他杀死。现在他们以礼来相迎，正是为了讨您欢心。况且徐羡之等五人同功并位，谁也不肯让谁，就是有谁心怀不轨，也因其他人掣肘而不敢付诸行动。殿下只管放心做皇帝吧！

于是刘义隆带着自己的属官和卫兵出发前往建康，果然顺利做上了皇帝，但朝廷真正的实权仍在徐羡之等人手中。

刘义隆先升徐羡之等人的官，徐羡之进位司徒；王弘进位司空；傅亮加“开府仪同三司”，即享受和徐羡之、王弘相同的待遇；谢晦进号卫将军；檀道济进号征北将军。

同时认可徐羡之任命的谢晦做荆州刺史。谢晦还害怕刘义隆不让他离京赴任。但刘义隆若无其事地放他出京赴荆州。谢晦离开建康时，以为从此算是没有危险了，于是回望石头城说：“今得脱危矣。”

刘义隆当然也不动声色地安排了自己的亲信，官位虽不高，但侍中、将军、领将军等要职都由他的亲信充任，从而稳定帝位。

宋文帝元亮二年(425 年) 正月，徐羡之、傅亮上表归政，即将朝政大事交由宋文帝刘义隆处理。徐羡之本人走了一下请求离开官场回府养老的形式，但几位朝臣认为，这样不妥，因此徐羡之又留下了。后人评论认为这几位主张挽留徐羡之继续做官的人，实际上加速了徐羡之的死亡。

当初发动政变的五个人中，王弘一直表示自己没有资格做司空，推让了一年时间，刘义隆才准许他不做司空，最后他只做车骑大将军、开府仪同三司。

直到这一年年底，宋文帝刘义隆才准备铲除徐羡之等人。因惧怕在荆州拥兵的谢晦造反，先声言准备北伐魏国，调兵遣将。在朝中的傅亮察觉出事情不对头，便写信给谢晦通风报信。

宋文帝元嘉三年(426 年) 正月，刘义隆在动手之前，先通报情况给王弘，又召回檀道济，认为这两个人当初虽附和过徐羡之，但没有参与杀害刘义符、刘义真的事，应区别对待，并要利用檀道济带兵去征讨准备在荆州叛乱的谢晦。

正月丙寅(公元426年2月8日),刘义隆在准备就绪后,发布诏书,治徐羡之、傅亮擅杀两位皇兄之罪。同时宣布对付可能叛乱的谢晦的军事措施。

就在这一天,徐羡之逃到建康城外二十里的叫新林的地方,在一陶窑中自缢而死。傅亮也被捉住杀死。

谢晦举兵造反,先小胜而后大败,逃亡路上被活捉,最终被杀死。

至此,宋文帝刘义隆由藩王而进京做上皇帝,由有名位无实权到做上名副其实的皇帝,最后顺利除掉杀"二王"的一伙权臣。

色欲名利,修身所忌

人生病时,会感到人生之虚幻与可悲,到了死地大概只剩求生一念了。所以人平时做事应朝事物的对立面想想,人生在世,宜控制自己的欲望而修些德行,做事勿为欲望丧失本性,否则会自取灭亡。历史的教训是深刻的。声色不忍的害处很大,忍声色则要修其身,固其本;对于人生男女之大欲,要适可而止。

公元189年,在镇压黄巾起义中卓有"战功"的董卓,率兵进入了洛阳,废掉汉少帝,立献帝,独揽朝中大权。

董卓看出丁原是他专权的障碍,遂起杀机,收买了丁原的部将吕布,最后将丁原杀死。

从此,董卓权倾朝野,为所欲为,司徒王允表面上效忠董卓,暗地里却对他恨之入骨,时刻想除掉他,于是王允授意貂蝉对付董卓之计。

不久,董卓义子大将吕布在府中宴请宾客,于是王允借机派人参加,并送去许多珍贵之物。吕布不知为何居司徒高位的王允,要给自己一个小小的骑都尉送厚礼,于是决定亲去王府,一来探明究竟,二来作为回拜。

吕布到王府后,被热情款待。王允笑着说:"您是天下的英雄,我不过是略表敬意而已,区区薄礼,实在不值得将军挂在心上。"吕布本是见利忘义之人,王允也正是投其所好,才选择他作为除掉董卓的突破口。

听到王允的称赞,吕布心里十分舒畅,所以话语也多了。王允命貂蝉前来献酒。经过刻意修饰的貂蝉,容貌艳丽,楚楚动人,在侍女的搀扶下,由内室款款走出。吕布一见貂蝉不由得两眼发直,心中暗自说:"真想不到天下竟有如此美女!"吕布看得愣住,直到王允和他说话,才回过神来忙掩饰地问道:"小姐是府中什么人?"王允漫不经意地回答说:"是小女貂蝉。"随后让貂蝉为吕布敬酒。貂蝉为吕布斟满了一杯酒,装出一副羞涩的样子,双手献给吕布。吕布连忙接过酒怀,偷看貂蝉,正巧貂蝉也在看他,二人的目光碰到一起。王允见状心中暗喜,对貂蝉说:"你陪将军多喝几杯,让将军尽兴,今后我们还要仰仗将军呢!"然后让貂蝉坐在身边。

席间二人眉来眼去,有王允在旁又不便开口说话,吕布有些急躁。王允见时机已到,就借故离开。王允一走只剩吕布和貂蝉二人,吕布心中高兴,对貂蝉问长问短,貂蝉都一一回答。这时王允回到席前,暗示貂蝉回避,貂蝉心领神会,于是起身告辞吕布走向内室。

吕布按捺不住地问王允说:"小姐真是美丽无比,不知何人有此大福,能娶她做夫人?"王允回答:"小女还不曾许配,我想高攀将军,不知您意下如何?"说完观察吕布

王司徒巧使连环计图，出自《图像三国志》。

的反应。吕布一听大喜过望，急忙向王允参拜说："岳父大人在上，请受小婿一拜。"王允扶起吕布说："将军不必多礼，待选个良辰吉日，就将小女送过府去成亲。"吕布再次拜谢了王允，才高兴地告辞。

第二天，散朝后王允、董卓走在一起，王允邀请董卓去府上喝酒做客，董卓很痛快地答应了。

酒兴越来越浓。王允举手向侍从示意，音乐声徐徐响起，伴随着乐曲走出一队歌女，个个国色天香，婀娜多姿，尤其是领队的那位，更是美若天仙，看得董卓欲仙欲醉，就问王允说："这位漂亮的歌女是谁啊？"王允说："是我新买来的歌女，名叫貂蝉。"董卓笑道："不但人美，名字也悦耳。"一曲终了，王允叫众人退下，留住貂蝉给董卓敬酒。貂蝉手捧酒杯缓步上前为董卓敬酒，董卓满脸堆笑问道："今年多大了？"貂蝉微笑不语。王允在旁说："今年已经16岁了，您若是喜欢，就带回府去伺候您吧。"

吕布得知此事，怒气冲冲找到王允指责道："您既然已将貂蝉许配于我，为何又送给董卓？"王允见状四周环顾，见没有人，就压低声音对吕布说："这里不便细说，请将军随我回府。"说完立即同吕布一同回到王府。

吕布迫不及待地问道："有人亲眼看见貂蝉在太师府中，这难道是假的不成？"王允见吕布怒火中烧，更不急于回答，给吕布让座后，又命人献茶，然后才一副无可奈何的架势说："前几天太师来我府中饮酒，席间说要见见我的女儿，我不好拒绝，就让小女出来给太师敬酒。谁知太师见后，就十分喜爱，说府中缺人侍候，暂时让她过去，待找到合适的人，再送她回来，我不能违抗太师的要求啊？"

吕布见王允说得合情合理，无可指责，也只好向王允赔罪，然后离去。

吕布回府后，坐卧不安，第二天一早就借故来到太师府打探消息。侍卫告诉吕布，太师新得美人，还未起床呢，吕布听后心如刀割，但又不敢过于放肆，急得在大厅中团团转。

后来，董卓来到大厅问吕布是否有事，吕布谎称刚刚听到义父得了美人，特地前来贺喜。董卓听后，称赞吕布有孝心，并让貂蝉出来相见。貂蝉在吕布面前装出愁眉不展的样子，趁董卓不备时，用手指向自己的心口，然后又指吕布。吕布领会貂蝉的示意，心中更加凄苦。董卓见已到上朝的时候，就和吕布一同而行。奉见皇帝后，董卓留在朝中处理政务，吕布借机来到太师府找貂蝉。

正在二人难舍难分之际，董卓突然从外面进来，见到他们情意绵绵气得大喝一声直奔过来。吕布见势不妙，扔下貂蝉向外逃走。

第二天，王允将吕布请到府中，吕布满脸愁容，王允假装不知，问吕布因何事而闷闷不乐，吕布就将昨天在太师府中发生的一幕，详细地告诉了王允。

王允听后，故意气愤地说：“想不到董卓已经荒淫霸道到如此地步，连自己儿子的妻子都要强娶，这不但使我无脸见人，还是将军的耻辱啊！”

王允的话音刚落，吕布就拍案而起，手握剑柄，满脸杀气，咬牙说道：“我一定杀了他，报夺妻之仇！”王允见吕布决心已下，扇风点火说：“将军如果杀了董卓不但报了仇，重要的是为国家除去一害，可以名留千古啊！”吕布伏地而拜，表示愿意听从王允调遣。

几天后，董卓在去未央宫的路上死于非命。

董卓像，图出自《图像三国志》。

修身种德，事业之基

品德的修养，决定一个人一生行事是善是恶是美是丑，它是人生的基础。一个人没有好的品德，再好的学识或许不能有益于人，可能还会害人，而且知道越多害人越深，权势越大破坏愈广。一个品行不端的人，很难在事业上有所成就，即使有所荣耀也不会长久。

《红楼梦》中讲到甄士隐曾资助过穷儒贾雨村。贾雨村进京中了进士，又升任知府，旋即因贪酷侮上被革职，到林如海家做私塾教师。林如海妻亡故，遂起意让女儿黛玉进京依附外祖母，又得知雨村欲图谋复职，遂修荐书让内兄贾政为之周全，并让雨村随黛玉进京。雨村补授了应天府知府后，即碰到薛蟠为争夺甄香莲而打死香莲情夫冯公子的案子，甄香莲是甄士隐的女儿，雨村不思报恩，乱判此案，致使香莲父女永隔，有家难回，最终客死薛家。贾府有恩于贾雨村，但当荣、宁二府遭受查抄时，贾雨村当时地位已高，不但不从中保全，反而巴结贾府政敌忠顺王，煽风点火，助纣为虐，落井下石。但是，贾雨村最后也在宦海中沉沦，被撤职监禁。

闹中取静，临危不乱

做任何事之前，我们都应当先做计划和安排。以便临事不慌、平静处理、坦然面对。虽然诸葛亮的空城计从表面上看不出计划和安排，但此计之所以能够成功，是和诸葛亮平时一贯精于计划和安排分不开的。司马仲达深知孔明一生谨慎，认定对方早有安排，所以才不敢攻城。

公元228年，诸葛亮攻战祁山。曹魏属地天水、南安、安宝三郡先后归顺蜀军。魏明帝曹睿亲临长安督战，魏军大将曹真率大军抵眉城抗击蜀军，蜀军前锋大将马谡，违反诸葛亮战前部署，被魏军趁机而入，致使街亭失守。诸葛亮得知街亭失守后，急忙调集军队，准备撤回汉中。诸葛亮分派仅剩的5000兵马去西城搬运粮草，这时得报司马懿统领15万大军已兵临城下。此时运粮士兵仅2000余人，城中兵马不足3000，众人听到大兵压境，都不知所措地惊慌失色。诸葛亮深知，此时若弃城逃跑，无疑会暴露实情，在15万大军面前，必然无法逃脱。于是，他神情自若地传令军士："将城中所有战旗尽数放倒，所有兵士坚守城池，凡有擅自出入和大声喧哗者，一律斩首！"又命令将四方城门大开，每一城门处派20军兵扮作百姓，洒水扫街，装作若无其事的样子。一切安排就绪后，诸葛亮头戴方巾，身披鹤氅，带两名小童，持琴登城。边弹琴边饮酒，一副安然悠闲的神态。

孔明智退司马懿，图出自《三国志通俗演义》。

魏军见状，慌忙策马派人回报司马懿。司马懿听报随后来到城下，远远见到城上诸葛亮悠然自得边饮边弹，二位小童站立身后，琴声悠悠不绝于耳。再看四处城门大开，每一城门处都有一二十名百姓，在细心地洒水扫路，对魏军视而不见。见状，司马懿心中大疑。他认为素来谨慎行事的诸葛亮，从不弄险，今天见他如此安然，城中秩序井然，15万大军压城犹如不见，其中必有埋伏。司马懿越想越怕，急忙传令撤兵。司马懿之子司马昭是员虎将，见要退兵，急忙劝阻司马懿说："诸葛亮手中可能无兵，必是在迷惑我们，不如让我带兵攻城，即可知虚实。"司马懿不准，15万魏军全部退却。诸葛亮见魏军远去，遂拍掌大笑，结果尽在意料之中。城中兵士见千军万马之险，顷刻间化作乌有，不由得惊喜交加。诸葛亮含笑对余悸未尽的兵士们说："司马懿素来知我谨慎，不曾轻易弄险，而今见我稳坐城头，安然饮酒抚琴，城门大开，百姓自若不慌，想必我定有奇兵伏于城中，所以不战而退了。此疑兵之计，是万不得已才用的，倘若随便用此计，一旦被敌人识破，必遭大败。"在众人的赞叹声过后，诸葛亮接着说："司马懿急切中退兵，必然选择小路，可速去通告关兴、张苞二位大将设伏。"

果然，如诸葛亮所料，司马懿正率军沿小路向北退却，行至武功山时，忽听得山后鼓炮齐鸣，杀声震天，只见冲出一队人马，将旗上写着张苞。司马懿以为这是诸葛亮早已埋伏好的蜀军，急令魏军不许恋战，拼死冲杀，以求生路。刚刚冲出不远，又是一声号炮，只见一队蜀军从左路向魏军冲来，一看将旗是关兴的兵马。司马懿大惊，更加确信这一切都是诸葛亮预先的计谋，一时间不知蜀军到底有多少兵马。此时的魏军如惊弓之鸟，丢掉粮草，仓皇向山后逃去。

茹纳容人，气量宽厚

俗话说，宰相肚里好撑船，其主旨就是要有广阔的胸襟、宽容的雅量，能容纳一切荣辱冷暖，方能治国经世成就大业。用人之道如此，为人之道亦如此。

南宋时期，金兀术采用火攻，烧毁了韩世忠的海舰，韩世忠退至镇江，收集残兵，只剩三千多名，还失掉了两员副将，一是孙世询，二是严允。韩世忠懊丧万分。

梁夫人劝曰："胜败乃是兵家之常事，事已如此，追悔也莫及了！"

韩世忠答曰："昨日还接奉上谕褒奖，现在竟弄得丧兵折将，我将如何向皇上交代呢？"

于是，韩世忠上章自劾。

高宗接到了韩世忠自劾的奏章，正欲下诏处分，却接到了太后的手谕。

太后在手谕中告诉高宗，三军易得，一将难求。像韩世忠这样的人，忠勇无比，世上无人可与他匹敌，现在因寡不敌众，以致先胜后败，应当宽其既往，以鞭策将来，不必加罪责备，让勇士寒心。

高宗阅后恍然大悟，便照太后所说的办。

韩世忠原来以为打了败仗，皇上定要加以处分。忽然有一日，卫兵进来报告说："钦使到了，请将军接旨。"

抗金名将韩世忠像，图出自清·孔继尧绘《吴郡名贤图传赞》。

韩世忠连忙更换朝服出迎，听了诏书不禁喜出望外。原来诏书中一味褒奖，并无半句责备语，诏书中说："世忠部下仅有八千人，能摧金兵十万之众，相持至48日，屡次获得胜利，擒斩贼虏无数，今日虽然失败，功多过少，不足为罪，特拜检校少保兼武成感德节度使，以示劝勉。"

韩世忠心怀感动，回到内衙，给梁夫人看，梁夫人说："皇上这样待咱们，咱们更应多杀敌，报效朝廷。"

在以后的抗金战斗中，韩世忠每次都率领部队奋勇杀敌，多次取得胜利。

胜败乃兵家常事，高宗听从太后之计，没有处分韩世忠，反而加官晋爵，使韩世忠感恩戴德，更加为朝廷效力。

矜则无功，悔能减过

每一个人，在任何情况下都应摆正自己的位置，保持谦虚的品质。即使是为国家建设有大功，成为天下崇拜的英雄，假如自己产生自夸功勋的念头，把自己沉浸在一个荣誉的花环中，那他的大功不但会在自傲中丧失，而且，可能还会招来意外的祸患。

8岁的康熙登基当了皇帝后，不能料理国事，便由四位辅政大臣代理。这四个人是鳌拜、索尼、苏克萨哈和遏必隆。其中拿大主意的是鳌拜。然而鳌拜是一个专横跋扈、野心勃勃的人。他利用其他三位辅政大臣的软弱退让，极力扩大自己的权势。凡是向他巴结献媚的，都受到提拔重用；凡是不肯顺从他的，不是被排斥罢黜，便是遭到故意陷害。辅政大臣苏克萨哈及大臣苏纳海、朱昌祚等人就因为与鳌拜持有不同的意见，而遭杀身之祸。他甚至经常在康熙皇帝面前耀武扬威，呵斥他人，而且多次擅自以皇帝的名义假传圣旨，滥用权力。朝廷内外的大小官员，凡是稍有一些正义感的，无不对鳌拜一伙的为非作歹恨之入骨，可是鳌拜的心腹党羽遍布从中央到地方的许多重要机构，掌握着生杀予夺的大权，谁也奈何他不得。康熙立志要做一个像汉武帝、唐太宗那样有作为的皇帝，因此对鳌拜擅权十分不满，决心改变大权旁落的状况。于是在亲政不久他便下令取消了辅政大臣的辅政权，使鳌拜的权力受到限制。可是，这样一来，君臣之间矛盾便日益激化起来。鳌拜虽然意识到康熙要夺回自己的权力，但误认为"主幼好欺"，对于自己的所作所为非但不加收敛，反而更加肆无忌惮。在群臣向康熙朝贺新年时，鳌拜竟然身穿黄袍，俨如皇帝。在他托病不朝、康熙亲往探视时，他把刀置于床下，直接威胁皇帝的安全。对于鳌拜的这些欺君罔上的行为，康熙决心采取果断的措施，把他除掉。

康熙知道鳌拜的势力大、党羽多，除掉他不是很容易的，必须要计划周密，谨慎从事。他一方面把近身侍卫索额图、明珠提拔为朝廷大臣，作为自己的左膀右臂，通过他们联络朝廷内外反鳌拜的势力；另一方面又给鳌拜封官加爵，麻痹他对自己的警觉。同时，一个擒拿鳌拜的计划也酝酿出来了。

不久，康熙从各王公显贵府中挑选了100余名身强力壮的贵族子弟，以陪伴皇帝习武消遣为名入宫，鳌拜没有发觉其中有什么异常。一来是满族有让自己的子弟从小习武的习惯，二来是把康熙看成一个年幼无知，只图玩乐的纨绔之辈，乐得他少过问政事，所以没有把这件事放在心上。不到一年，这班少年侍卫一个个学得拳术精通，武艺高强，连康熙本人也学到不少本领。康熙看在眼里，喜在心头，认为擒拿鳌拜的时机成熟了。于是便以下棋为名，召索额图入宫，商量除掉鳌拜等人计划。

一日，正值鳌拜入朝之日，康熙事先把少年侍卫招来，对他们说："你们常在我的身边，好像我的手足一样，你们是听从我的命令，还是听鳌拜的命令?"这些人对鳌拜的专横跋扈愤愤不满，又朝夕与皇帝相处，早已成为效忠于康熙的心腹，因此齐声高呼："听从皇帝的命令!"接着康熙历数鳌拜的罪状，布置擒捉之法，只等这个权奸来投罗网。

不久，鳌拜入朝，康熙传令要单独召见他。鳌拜不疑，欣然前往。到了内廷，只见康熙端坐在宝座上，两旁站立的全是一班少年侍卫。鳌拜一向把这些人看成是一群孩子，成不了什么气候，心里毫无戒备，仍旧摆出一副傲慢的架势，来到康熙面前，康熙一见时机已到，便果断地作出擒拿的手势。少年侍卫们一拥而上，把鳌拜团团围住。看到此情，鳌拜大吃一惊，起先还以为是皇帝教一群孩子来与他戏耍，后来感觉不对劲，便全力进行挣扎，与这班少年打成一团。鳌拜也不是等闲之辈。他不仅生得虎背熊腰，有一股蛮力，而且精通武艺，曾经驰骋疆场几十年，立过不少大功，是清朝的一代骁将。讲近身交手，他并不外行。他仗着自己体大力强，拳脚并用，竟一连打倒好几个人，差一点脱身。可是，这些少年侍卫毕竟训练了一年，不仅气血方刚，武艺超群，而且都有除奸报君的决心，岂容奸雄逃脱！他们你一拳，我一脚，轮番向他攻击，直打得鳌拜气喘吁吁，汗流浃背，哪有还手之力，最后不得不束手就擒。

满招损，谦受益

做人一定要胸怀坦荡，这是做人的基本原则。但处世时，我们则要蕴藏才华，这是处世的准则。德才兼备的君子并不忌讳别人知道自己的想法，这样可以让别人了解自己，建立和谐的人际关系。但自己的才华却不能炫耀，更不能恃才傲物，俗话说："谦受益，满招损"，铭记它能令人终生受益。当然蕴藏才华并不是使自己的才干深藏不露，否则每个人都空怀才学，不仅是个人的悲哀，也是国家的损失，要正确把握发挥才干和抓住时机的关系，才能永不消极颓废，脚踏实地地干出一番事业来。

一个人太出风头，就会遭受打击；一个人过分完美，反而会遭到挑剔和批评。大多数人能够同情弱者，却敌视比自己强的人，生活中这样的情况是非常多的，所以为人处世一定要谦虚谨慎，不能狂妄自大。

"满招损，谦受益"，这些道家思想对中国人生活方式影响很大。道家是以虚无为本，认为天地之间都是空虚状态，但是这种空虚却是无穷无尽的，万物就是从这种空虚中产生。

子曰："三人行必有我师。"以孔子这样的千古圣人尚能不耻下问，何况吾辈凡夫俗子。"满招损，谦受益"，这是永远颠扑不破的真理。

大海不择细流，故能成其汪洋；泰山不择尘土，故能成其崔嵬。

有这样一个故事：有位丹青爱好者千里迢迢来到法门寺向住持释圆和尚诉说，"我一心一意要学丹青，可至今没有找到一个满意的师傅，许多人都是徒有虚名，有的画技还不如我"。释圆和尚听了淡淡一笑，要求其"现场直播"。绘画者问画什么，释圆说老僧平素最大的嗜好就是品茗饮茶，施主就为我画一把茶壶一个茶杯吧。年轻人寥寥几笔就画完了，一把倾斜的茶壶正徐徐吐出一脉茶水来，源源不断地注入茶杯

燕昭王像，图出自《剑锋春秋》。

中，画得栩栩如生。没想到和尚说他画错了，应该把杯子布置在茶壶之上才是。年轻人说大师有没有搞错啊，哪有杯子往茶壶里注水的。释圆哈哈大笑："原来你懂得这个道理啊！你渴望自己的杯子里能够注入那些丹青高手的香茗，但你总是将自己的杯子放得比那些茶壶还要高，香茗怎么注入你的杯子里？涧谷把自己放低，才能得到一脉流水，人只有把自己放低，才能吸取别人的智慧和经验"。

战国时期，魏昭王求贤，高参郭隗建议说：你把别人当做老师，那么比自己强百倍的人就会到来；你把别人当成朋友，那么比自己强十倍的人就会到来；你把别人当成部属，那么和自己能力差不多的就会到来；如果颐指气使，怒吼呵斥，那么招来的只能是奴隶。

谦虚无论是于自身还是于一国一家的事业，都是有百利而无一弊的。毛泽东曾经也说过，虚心使人进步，骄傲使人落后。

人们凡事都追求完美，并想方设法地来达到这个目标。其实，任何事情都不应妄想登峰造极，因为有上坡就必然有下坡，也就是有上台必然有下台的一天，事情到了一定的限度必然发生质的变化。

应学会及时总结，使自己保持清醒的头脑。洪应明提醒世人，总想展示自己的才华，是缺乏见识的表现。一个真正学问广博的人，虽饱经学术，却表现甚少；学识贫乏的人却常常卖弄自己。

心理上的自满状态，会导致人丧失继续进取的兴趣，或者也会导致人疯狂地进取的冲动。不管是丧失了进取心还是异化了进取心，它们都有一个共同的特点：忽视自我检点，忽视周围的危险。言行上的自满姿态，就表现为得意扬扬或者不可一世。这会招来人们厌恶、引人嫉恨。

与人方便，与己方便

常言道："与人方便，与己方便"。一个人处处为他人着想，不仅是对自己德行的考验，也能取得别人对自己的帮助。一个自私自利的人只能是一个孤家寡人。

"径路窄处，留一步与人行；滋味浓时，减三分让人尝。此是涉世一极安乐法。"这句话旨在说明谦让的美德。在道路狭窄之处，应该停下来让别人先行一步。一个人时常心存这种想法，那么他的人生就会快乐平和。

中国自古以来就是礼仪之邦。谦和、礼让更是中华民族的美德。当你在狭窄的路上行走时，要给别人留一点余地。羊肠小道两个人互相通过时，如果争先恐后，互不相让，那么两个人都有坠入深谷的危险，在这种情况下停住脚步让对方先过去，不仅是安全的体现，更是种礼貌。

当你遇到美味可口的佳肴时，要留出三分让给别人吃，这样才是一种美德。路留一步，味留三分，是提倡一种谨慎的利世济人的方式。在生活中，除了原则问题须坚持外，对小事互相谦让会使个人的身心保持愉快。

清朝的张英与一个姓叶的侍郎，两家毗邻而居，叶家重建府第，将两家公共的弄墙拆去并侵占三尺，张家自然不服，引起争端。张家立即发鸡毛信给京城的张英，要求他出面干预，张英却作诗一首："千里家书只为墙，再让三尺又何妨？万里长城今犹在，不见当年秦始皇。"张老夫人看见诗，即命退后三尺筑墙，而叶家深表敬意，也退后三尺。这样两家之间即由从前三尺巷形成了六尺巷，被百姓传为佳话。

谦让并不是一味地让步，即使是终身的让步，也不过百步而已。也就是说，凡事让步表面上看来是吃亏，但事实上由此获得的收益要比你失去的还要多。这正是一种成熟的、以退为进的明智做法。

事物的发展都是相对的，谦让很多时候都会发生在竞争的情形之中，由于谦和礼让的出现而使矛盾完全化解，更免去了一次不必要的争斗，对手变手足，仇人变兄弟。因此，避免斗争，对自身也有一定的价值。

如果得理不让人，让对方走投无路，有可能激起对方"求生"的意志，而既然是"求生"，就有可能是"不择手段"，这对你自己将可能造成伤害，好比老鼠关在房间内，不让其逃出，老鼠为了求生，会咬坏你家中的器物。放它一条生路，它"逃命"要紧，便不会对你的利益造成破坏。对方"无理"，自知理亏，你在"理"字已明之下，放他一条生路，他会心存感激，来日自当图报。就算不会如此，也不太可能再度与你为敌。

因此做事要留余地，给别人留面子，有好处时也多与人分享。留一步，让三分，即通常所说的谦让美德，适当地谦让不仅不会招致危险，反而是寻求安宁的有效方法，可以让人感到身心愉快，带来和谐的人际关系。

山不转水转，世界很大也很小，彼此相逢的事常有发生。你今天得理不让人，哪知他日你们二人又会狭路相逢。若那时他处于优势，而你处于劣势，你就有可能吃亏！"得理让人"，这也是为自己以后做人留条后路啊！正所谓"人情翻覆似波澜"。今日的朋友，也许将成为明日的仇敌；而今天的对手，也可能成为明天的朋友。世事一如崎岖道路，困难重重，因此，走不过的地方不妨退一步，忍一时风平浪静，退一步海阔天空。让对方先过，哪怕是宽阔的道路也要留给别人足够的空间。时刻要记着，为他人着想，也就是给自己留后路。

要学会在平淡中见神奇

清代的张英说："人们治家和修养身心，万不能只图好奇。"一部《中庸》，本来是极其平淡的，却是极为神奇的。一个人能在伦常方面没有缺陷，日常生活中勤快劳作,治家节俭省用,待人接物,每一件事都合乎规矩法度,没有什么古怪之处,就是圣贤一类的人,难道不是最奇妙的吗?

如果举止怪异,说话诡异偏激,明明是平常的道理,却要牵强附会地找些古怪理由来固守偏差、掩饰是非,自以为境界高、不落俗套、不坠常境,实际上这是穷奇、梼杌那样的凶恶之流,哪里可能表现出什么奇异呢?

布匹和粮食是千古以来最具意味的东西,从早到晚都离不开,为什么独独对与其同样重要的修身养性、约束行为,不认为是“朝夕不能离”的呢?

世界上的人,都是因为不懂得命运,不安于命运,才会产生出那么多忧愁和烦恼。圣贤明明告诉我们说:“君子安于平易以等待着天道的命运”;又说:“君子遵行法度以等待着天道的命运”;还说:“修身养性以等待着天道的命运。”不知道命运就不能成为君子。因为只有真切地知道命运,而后才能安心地等待命运。

张英经历的处世经验很多,他对这个“知”字的认识很确切。他曾经与韩慕庐吃住在天坛,深夜畅谈,慕庐谈到了他当年参加乡试和会考的情况,在乡试时他就有考中的想法,在考场中很用心,到了会试和殿试的时候,就完全没有心思去夺会元和状元了。会试考场中大风吹来,把试卷都要吹走了,参加考试的人都用石头把试卷牢牢地压住,韩慕庐独独没有这样做,他祈祷似的说:“如果独自考中就自然不会被风吹走。”结果竟然什么事也没有发生。所以在会试、殿试中的文章,都是游笔行文自如,浑成天然。他便对慕庐说:“您会试和殿试两次名列前茅,该是多么勇敢顽强!告诉别人,别人绝不会相信,只有我一人相信。”

修身处世之根本

唐代的赵蕤说:“考察一个人最有效的方法是看他怎么做而不是看他怎么说。人的品行总会有迹象表现出来,根据一个人的根本品质去参验他办事的迹象,那么是善是恶就无法掩饰了。”

水是凉的,火是热的,金石是坚硬的,这几样东西并未自己标榜,可是人们都知道它们是哪种性质。这是什么原因呢?它的标记就附在它本身上面。所以说,假如我的所作所为诚如那几样东西一样,谁还会怀疑我的品行呢?如今人们不相信我的品行,却埋怨别人不相信自己,真是糊涂极了。因此可以说明,修身有根本可察,做事有迹象可寻,只要仔细观察,那就谁也无法掩饰真相了。

孔子说:“修身处世有一定的准则,而孝敬父母是根本;送葬有一定的礼仪,而哀悼死者是根本;战阵有一定的排列方式,而勇敢作战是根本。”姜太公说:“人民不尽力务家,不是我的人民;官吏不公平廉洁、爱护百姓,就不是我的官吏;宰相不能富国强兵,调和阴阳四时,使国君安居王位,不能选拔训练群臣,使其名副其实,法令彰明、赏罚得当,就不是我的宰相。”这都是修身的根本。

什么是做事的迹象?齐威王召见即墨大夫,对他说:“自从你到了即墨任职以后,每天都有人说你的坏话。可是我派人去巡察即墨,看到荒地都开垦出来了,人民丰衣足食,官府没有积压的工作,东方一带因此宁静安定。这是因为你不用财物收买我身边的亲信以求荣誉啊。”因而将万家封给即墨大夫做采邑。又召见东阿大夫,对他说:“自从先生做东阿太守后,每天都有人说你的好话。然而我派人去巡察东阿,只见到处荒芜,百姓贫困潦倒。赵国攻打甄城,你不能救助;卫国攻取薛陵,你竟然不知道。这是你常用财物收买我身边的亲信以求荣誉啊。”于是便杀了东阿大夫和身边亲信中说东阿大夫好话的人。

汉元帝时,石显专权,京房私下晋见皇帝,问汉元帝:“周幽王和周厉王当政,国家怎么陷入危机的呢?他们信任的是些什么人呢?”元帝说:“君主不英明,信任的都是些投机取巧、吹吹拍拍的人。”京房说:“是明知他们投机取巧、吹吹拍拍还要任用他们呢,还是认为他们有才能而任用他们呢?”元帝说:“是认为他们有才能。”京房说:“那么如今怎么知道他们不贤呢?”元帝说:“根据当时社会混乱,在君主的地位受到威胁的情况下知道的。”京房说:“齐桓公、秦二世也曾听到过这样的道理,但他们却嘲笑幽王、厉王的糊涂。然而,他们仍然任用了竖刁、赵高这样的狡诈之徒,结果国家政治日渐混乱,造反的人满山遍野。为什么他们不能以幽王、厉王作为前车之鉴,从而认识到自己用人之非呢?”元帝说:“只有懂得大道的人,才能鉴过去以知未来啊。”京房说:“陛下看现在的朝政是清明还是混乱呢?”元帝说:“也是非常混乱的。”京房:“如今受信任重用的是些什么人呢?”元帝说:“有幸的是现在被任用的石显比竖刁、赵高他们都好。我认为朝政的混乱责任不在于他。”京房说:“前世的齐桓公、秦二世也是这样认为的。我恐怕将来的人看现在情形就如同我们看过去的情形是一样的。”上面这些故事,便是凡事都有迹象表现出来的道理。

姜太公像,图出自清·顾沅辑《古圣贤像传略》。

因此,不管修身,还是从政,都必须有一个最根本的准则。政治是否清明,人是否有才也都有迹象表现出来。如果能把持住根本,以办事的迹象作为考核的依据,那么就像水是凉的、火是热的一样,人的善恶就无法掩饰了。

不可名状的中庸品德

三国时期,刘劭说禀赋不同,才有偏至。有勇于进取而不善退守的,有柔和恭顺而缺少决断的,有精细温良而疑虑畏缩的,有强硬正直而专横固执的,有普济博施而交游混杂的,有清高耿直而拘谨局促的,有行动果断而空疏迂腐的,有质朴率直而浅不露藏的,有足智多谋而犹豫不决的。偏才都应该以中庸为指归,否则,轻则不能成事,重则身败名裂。

中庸的品德，是不可名状的，像含盐的水虽咸却没有苦涩的味道，虽淡却并不是无味一样；像丝织品，质地朴素并非了无文饰，色彩斐然又不炫耀一样。具有中庸品德的人，望之俨然，接触时感到很温和，既能够雄辩无碍，也能够口讷缄默。这种人变化无穷，但通达是其变化的目的与核心。

所以，如果过于积极进取的，就超过了中庸之德；如果过于拘谨保守，就达不到中庸之德。放肆或拘束就违背中庸之道，必须要做出矫饰，使义理有所丧失。

因此，严肃正直刚强坚毅的人，他的才能在于矫正邪曲，他的不足在于激烈攻击对方；柔和安详宽厚的人，优点是能够容忍，但缺少决断；勇武强悍劲健的人，胆力刚烈，但又无所忌惮；精细温良慎重畏缩的人，虽能谦让谨慎，却又太多虑；强硬刚正坚定直爽的人，长处在于稳固坚定，不足在于固执刚愎；善于论辩和推究事理的人，善于释疑解惑，但又飘浮不定，不易把握；普济博施的人，胸襟宽广，但交游混杂；清高廉洁公正无私的人，长处在于节俭廉明，不足在于拘谨局促；行动果断心胸光明磊落的人，长处在于勇于进取，不足在于空疏而不现实；深沉冷静机警缜密的人，长处在于探幽入微，不足在于迟滞缓慢；质朴率直性格外向的人，品质忠厚，为人诚恳，但又浅露不藏；足智多谋而又善于韬光养晦的人，长处在于权术计谋，不足在于模棱两可，遇事犹疑不决。不断地提高道德修养，不断升迁，应该以中庸为准则来防止各种不良弊端的发生。如果只是看到别人的短处，就会使自己的缺点更加突出，就像晋人和楚人相互嘲笑对方佩剑的方向相反一样。

坚强刚毅的人，往往暴戾刚愎而缺乏柔和，不认为自己冒犯别人是过分，反而以柔顺和缓为软弱，变本加厉地竞进不止。因而，这种人可以设立法制让其遵行，却难以深入其微。温柔和顺的人，迟缓宽容缺乏决断，不知对自己不知治理事务引以为戒，却认为刚毅奋进是一种伤害，安于无所作为。因此，这种人可以遵守常道，却难以通权达变，释疑解惑。勇武雄悍的人，意气风发，勇敢果断，对勇悍造成的伤害和失误不能注意，反而视和顺忍耐为怯弱，倾尽全力以求进取。因此，这种人可以与人共赴危难，但难以遵守约定。谨慎戒惧的人，怕事而多疑，对自己不敢伸张正义不以为然，却把勇敢视做轻浮的表现，增加犹疑畏惧。因此，这种人可以保全身家性命，但难以树立节义。凌厉刚正的人，意志坚强，对于自己的主观固执不以为然，反而以强辩来掩饰自己的虚伪，强化自己的主观武断。因此，这种人可以坚持正义，但难以随附众人。能言善辩的人，对自己的文辞泛滥不能引以为戒，反而视方正守法为束缚，助长了自己的散漫不羁。因此，这种人可以平等相处，却难以设立章法。宽宏博大的人，情怀周遍融洽，对自己的交游混杂不能引以为戒，反而把廉正耿直看做拘谨保守，使其交往更加混乱。因此，这种人可以安抚众庶，但难以严肃风纪。偏激固执的人，砭清激浊，对自己的清高以至狭隘不能引以为戒，却把广博宽容视为秽浊，因而越发拘谨固执。因此，这种人可以坚守节操，难以知时通变。冲动而又进取的人，志向远大，贪多务得、好大喜功认为沉静是一种停滞，因此增加了其果断锐利的锋芒。因此，这种人热衷进取，很难与之一起沉着守应。深沉冷静的人，往往深思熟虑，对自己过于冷静、迟缓认识不足，反而以好动进取为轻率。因此，对于这种人，可以与之深谋远虑，但有时会失去迅速把握的时机。朴实直露的人，心地坚实，不认为自己的粗野率直是一种缺点，反而认为机巧是浮浪的表现，更加显得朴直外露。因此，这种人可以让人信赖，但难以与之平和地处理问题。韬晦诡谲的人，善于取悦于人，对自己善于权术不走正轨不能引以为戒,反而认为真诚是一种愚昧,因而更增加了其虚伪的成分。因此,这种人可以辅佐良善来出谋划策,但不可用来矫邪取正。

学习可以使人成才,推己及人可了解人之常情。性情有所偏至却不可转移,虽然传授给他知识和技能,但是,他的偏才,会随着才能的进步而发展成缺点。虽然教诲给他宽恕的道理,但在具体的实施中还要根据各人的心性。诚实的人推想别人也诚实,诡诈的人猜测别人也诡诈。因此,学习并不能够完全掌握偏才的品格,推己及人的反省并不能够体察一切事物,偏才的缺点也就会更加明显。

养生妙方,慈俭和静

清代时,张英说论一个人长寿之道有四个方面,即慈祥、节俭、平和、清静。如果一个人不做损害别人利益的事,就会做到不轻易说出一句有损于别人的话,由此推及劝诫不要杀生以爱惜一切人和物,谨慎讨伐以养自然之和气。自己胸中自有一股吉祥平和之气,自然阴阳不和之气不会冒犯,从而,人可以长寿。

人生享受幸福之事,都有分数。爱惜福分的人,得到的幸福很多,而任意糟蹋福分的人,就会把自己逼得没有后路。所以春秋时思想家老子主张以“俭”字为贵。不只是财物用费方面应当节俭,一切事情都应常常考虑节约的意义所在,这才会留有余地。在饮食方面节俭,就可以保养脾胃;在喜好欲望方面节俭,就可以聚集精神;在言语方面节俭,就可以减少是非;在结交朋友方面节俭,就可以选择好的朋友;在交际往来方面节俭,就可以养护身心防止过度劳累;在夜寝方面节俭,就可以安神舒体;在饮酒方面节俭,就可以养成好的品性;在思虑方面节俭,就可以免除烦恼。一切事情省却一分,就会有一分的收益。天下的事,万不得已的,不过十中有一,一开始看到以为这件事是不可能成功的,仔细推算筹划,也不是万不能去做的,这样就会逐渐省去许多烦恼,日益看到难做的事少了。

白居易像,图出自明·天然撰《历代古人像赞》。

白居易曾说:“我有一句话请你记住,人世间自取苦恼的人很多。”试问那些劳忧烦苦的人,这件事情是可做可不做,还是非做不可的呢?看到这层道理,就应明白这是自己没把握好。一个人如果常常存有一种平和的心态,那么就会心气畅通而五脏安然,这也就是人们常说的养精神。白天办理公事,夜晚回家休息,必须尽可能去找些高兴的事。与客人纵情畅谈,捋起胡须开怀大笑,用来抒发一天劳顿郁结在心中的浊气,这才是真正获得了养生的要诀。

何文端公在世的时候，有一次，有位老人做百岁寿辰，何公向这位老人询问养生之道，老人说："我们乡村的人不知道什么养身法，但一生只晓得喜悦欢乐，从来不知道有烦恼。"

《左传》中说："仁义之人没有欲望而心静。"又说："知识之人日求进取而动。"常常见到气躁的人举动轻浮不严肃，所以大多不能高寿。

古人说砚的生命用世纪来计算，墨的生命用时辰计算，笔的生命用天计算，这指的就是动静的区别。静字的意义有两个方面：一是身心不过于劳累；二是心境不轻易动发。凡是遇到不愉快的事时，外表按常规对付，心中宁静不动摇，如清澈见底的深潭，如水井一般纯净，用自己的心智指挥言行，外界的纷扰便会被战胜。

"慈、俭、和、静"这四个方面，对于养生之道是很切实的，比起吃药治病何止胜过万倍。如果吃药就会出现物性容易偏失的问题，有的大多燥热滞积而不能产生好的效果。而正确引导吐纳胸中之气，就易于中止病情的发展。因此，要延年益寿就必须做到这四个方面，不可以抛弃这个根本而去求取其他不重要的方法。老子《道德经》主要的内容就没有超出这四个方面，如果把这四个方面的内容作为座右铭看待，时时对照加以体察，一定会有利的。

心开则事开，心郁则事郁

一个身处逆境却依旧能微笑的人，要比一陷入困境就立即崩溃的人获益更多。处逆境而乐观的人，才具有获得成功的潜质，比一般人要强。许多人一处逆境，便立刻会感到沮丧，因此，还未达到目的便放弃了。

在我们的社会中，没有郁郁不乐者、忧愁不堪者或陷于绝望者的地位。如果一个人在他人面前总是表现出郁郁不乐，就没有人愿意同他在一起，人们都要避而远之。

人们都喜欢与和气快乐的人相处。看那些忧郁愁闷的人，正如同看一幅糟糕图画一样。一个人不应该做情绪的奴隶，不可让行动受制于自己的情绪，人应该反过来控制自己的情绪。无论我们周围的境况怎样的不利，我们也当努力去支配你的环境，把自己从黑暗中拯救出来。当一个人有勇气战胜困难，从黑暗中走出来，那他身后便不会有阴影了。正如洪应明所说"天地不可一日无和气，人心不可一日无喜神"。

成功最大的敌人，便是思想的不健康，便是以沮丧的心情来怀疑自己的生命。其实，生命中的一切成功，全靠我们的勇气，全靠我们对自己的信心，全靠我们对自己有一个乐观的态度。唯有如此，方能成功。然而一般人处于逆境的时候他们往往会让恐惧、怀疑、失望来捣乱，而丧失了自己的意志，致使自己多年以来的目标毁于一旦。有许多人，如井蛙一样，辛苦往上爬，但是一旦失足，就前功尽弃。

突破困境的方法，首先在于要肃清胸中快乐和成功的仇敌，其次在于要集中思想，坚定意志。只有运用正确的思想，并抱定坚定的精神，才能战胜一切逆境。

一个在心智上训练有素的人，能够做到在几分钟内从忧愁的情绪中解脱出来。但是许多人的通病是，不能排除忧愁去接受快乐；不能消除悲观来接受乐观。他们把心灵的大门紧紧地封闭起来，虽然费力挣扎，却没什么成效。

人在忧郁沮丧的时候，要尽量改换自己的环境。无论发生任何事情，对于使自己痛苦的问题，不要过多地去想，不要让它再占据我们的心灵，而要尽力想着最快乐的事情。对待他人，也要表现出仁慈、亲切的态度，说出最和善、最快乐的话，要努力以快乐的情绪去感染我们周围的人。这样做以后，思想上黑暗的影子必将离我们而去，而快乐的阳光将映照我们的一生。

每个人都应该养成一种永远不回忆过去悲痛事件的习惯，要进入最有兴趣的环境中，去寻求几种能使自己发笑和受到鼓舞的快乐。有些人在家庭中寻找快乐，和他们的孩子们嬉戏，而另外一些人则在戏院中、在谈话中，或在阅读富有感染力的书籍中寻求快乐。

因此，我们应该随时调整自己的心理状态，乐观地面对生活，让自己的每一天都过得快快乐乐。

海纳百川，有容乃大

有一句名言："海纳百川，有容乃大。"说的是与人相处，有一分退让，就受一分益；吃一分亏，就积一分福。相反，存一分骄，就多一分屈辱，占一分便宜，就招一次灾祸。所以说：君子以让人为上策。

战国时，梁国与楚国相临，两国在边境上各设界亭，亭卒们也都在各自的地界里种了西瓜。梁亭的亭卒很勤劳，锄草浇水，瓜秧长势极好，而楚亭的亭卒懒惰，对瓜事很少过问，瓜秧又瘦又弱，和对面瓜田的长势简直不能相比。楚人死要面子，在一个无月之夜，偷跑过去把梁亭的瓜秧全给扯断了。梁亭的人第二天发现后，气愤难平，报告县令宋就，说我们也过去把他们的瓜秧扯断好了。宋就听了以后，对梁亭的人说："楚亭的人这样做当然是很卑鄙的，可是，我们明明不愿他们扯断我们的瓜秧，那么为什么再反过去扯断人家的瓜秧？别人不对，我们再跟着学，那就太狭隘了。你们听我的话，从今天起，每天晚上去给他们的瓜秧浇水，让他们的瓜秧长得更好，而且，你们这样做，一定不要让他们知道。"梁亭的人听了宋就的话后觉得有道理，于是就照办了。楚亭的人发现自己的瓜秧长势一天好似一天，仔细观察，发现每天早上地都被人浇过了，而且是梁亭的人在黑夜里悄悄为他们浇的。楚国的边县县令听到亭卒们的报告后，感到非常惭愧又非常敬佩，于是把这事报告给了楚王。楚王听说后，被梁国人修睦边邻的诚心所感动，特备厚礼送梁王，一方面以此表示自责，另一方面也表示酬谢，结果这一对敌国成了友邻。

人要具有豁达的胸怀才能够学会忍让，在为人处世、待人接物时，不能对他人要求过于苛刻。应学会宽容、谅解别人的缺点和过失。要做到这一点，就要有气量，不能心胸狭窄，而应宽宏大度。特别是在小事上，如果宽大为怀，尽量表现得"糊涂"一些，便容易使人感到你通达世事人情。

一位禅师住在山中茅屋修行，有一天，趁夜色到林中散步，在皎洁的月光下，他突然开悟了。他走回住处，亲眼见到自己的茅屋遭小偷光顾。找不到任何财物的小偷要离开的时候在门口遇见了禅师。原来，禅师怕惊动小偷，一直站在门口等待，他知道小偷一定找不到任何值钱的东西，早就把自己的外衣脱掉拿在手上。

小偷看见站在门口的禅师，正感到惊愕的时候，禅师说："你走老远的山路来探望我，总不能让你空手而回呀！夜凉了，你带着这件衣服走吧！"说着，就把衣服披在小偷身上，小偷不知所措，低着头溜走了。禅师看着小偷的背影穿过明亮的月光，消失在山林之中，不禁感慨地说："可怜的人呀！但愿我能送一轮明月给他。"禅师目送小偷走了以后，回到茅屋赤身打坐，他看着窗外的明月，进入空境。

第二天，他在温暖的阳光的抚摸下，看到他披在小偷身上的外衣被整齐地叠好，放在门口。禅师非常高兴，喃喃地说："我终于送了他一轮明月！"

这就是人心受到感召的力量做出的改变。也许有人认为克制忍让是卑怯懦弱的表现。其实，这正是把问题看反了。古人说得好："猝然临之而不惊，无故加之而不怒，"这才是真正的英雄。只有头脑简单的无能之辈，才会为芝麻绿豆大的小事各不相让，争得面红耳赤。真正心胸豁达、雍容雅量的成功者所应具备的高贵个性应该是能放手时则放手，得饶人处且饶人。

"尺有所短，寸有所长"，每个人都有自己的缺点和优点。人际交往中应当求同存异，尊重每个人的个性差异，要容纳别人的缺点，原谅别人的过错，做到"海纳百川，有容乃大。"

水至清则无鱼，人至察则无友

"水至清则无鱼，人至察则无友"，为什么有人活得太累，有的人活得很潇洒，这就说明做人不能太较真。

为人处世自然不能玩世不恭，游戏人生，但也不能太较真。太认真了，就会对什么都看不惯，连一个朋友都容不下，把自己同社会隔绝开。镜子看上去很平，但在高倍放大镜下，就成了凹凸不平的山峦；肉眼看着很干净的东西，拿到显微镜下，满眼都是细菌。

试想，如果我们"戴"着放大镜、显微镜生活，恐怕连饭都不敢吃了。再用放大镜去看别人的毛病，恐怕许多人都会被看成罪不可恕、无可救药的了。

孔子带众弟子东游，走了很多路感到饿了，看到一个酒家，孔子吩咐一弟子去向老板要点吃的，这个弟子走进酒家跟老板说：我是孔子的学生，我们和老师走累了，给

孔子乘辂图，此图描绘孔子率众弟子出行前，整装待发的情形。

点吃的吧。老板说:“既然你是孔子的弟子,我写个字,如果你认识的话,随便吃。”于是写了个“真”字,孔子的弟子想都没想就说:“这个字太简单了,‘真’字谁不认识啊!”这是个真字。老板大笑:“连这个字都不认识还冒充孔子的学生。”吩咐伙计将之赶出酒家,孔子看到弟子两手空空垂头丧气地回来,问后得知原委,就亲自去酒家,对老板说:我是孔子,走累了,想要点吃的。老板说:“既然你说你是孔子,那么我写个字如果你认识,你们随便吃。”于是又写了个“真”字,孔子看了看,说这个字念“直八”,老板大笑:果然是孔子,你们随便吃,弟子不服,问孔子:这明明是“真”嘛,为什么念“直八”?孔子说:“这是个认不得‘真’的时代,你非要认‘真’能不碰壁吗?处世之道,你还得学啊。”

这虽是个故事,但告诉我们,做人不能太较真。在工作中,不是你把所有的事情做好了就是认真,有时候事情没做好,在领导的眼里也是认真,因为你认真地揣摩了领导的需要而且尽可能地配合了领导的需要。认真不是较真,为什么很多兢兢业业工作的人没有得到晋升,而工作并不出色的人反而得到提升,因为前者多较真,而后者是认真;前者多被领导表扬,但和领导走得远,后者多被领导批评却和领导行得近。你说谁更认真?糊涂是外人看到的糊涂,郑板桥说:“难得糊涂”,大概也是这个道理吧。

有位同事总抱怨他们家附近小店售货员态度不好,像谁欠了她钱一样。后来同事的妻子打听到了女售货员的身世,她丈夫有外遇,和她离了婚,老母瘫痪在床,上小学的女儿患哮喘病,每月只能开四五百元工资,一家人住在一间15平方米的平房里。难怪她一天到晚愁眉不展。这位同事从此再不计较她的态度了,甚至还想让大家都帮帮她,为她做些力所能及的事。

在公共场所遇到不顺心的事,更不能较真生气。有时素不相识的人冒犯你,其中肯定是另有原因,不知哪些烦心事使他此时情绪恶劣,行为失控,正巧让你赶上了,只要不是恶语伤人、侮辱人格,我们就应宽大为怀,以柔克刚,晓之以理。没有必要和你无仇无怨的人较劲。假如较起真来,大动肝火,枪对枪、刀对刀地干起来,再酿出个什么严重后果来,那就太划不来了。与萍水相逢的陌路人较真,实在不是聪明人做的事。假如对方没有文化,与其较真就等于把自己降低到对方的水平,很没面子。另外,从某种意义上说,对方的触犯是发泄和转嫁他心中的痛苦,虽说我们没有义务分摊他的痛苦,但确实可以用你的宽容去帮助他,你无形之中也就做了件善事。如果能这样想,也就会容忍他了。

但是,如果一个人真正能做到不较真、能容人,是件很难的事,首先需要有良好的修养、善解人意的思维方法,并且需要经常从对方的角度设身处地地考虑和处理问题。多一些体谅和理解,就会多一些宽容。

做人脱俗,应事随时

宇宙与人生的所有景象,大至日月经天、江海横流,小至此时的笔者在沥沥的雨声中写此段文字,彼时的你在灯光下阅读此段文字……所有的一切,所有的生起幻灭,都包含了各种因果关系或条件——缘——。离开这些,不存在着独立的个体与事件。

洪应明正是在这种理论认识的基础上,推崇并宣述着一种主张随缘顺事而又超脱世俗之见的人生观。

洪应明的观点是认为人应顺应种种因缘条件而处世,也就是随缘随时而安,顺应时代潮流地去参与现实生活,适应现实,得以既免除了心理的负担,也排除了因过去的因缘琐事而引致那些理不清的缠缚,使人生成为真正而又自然的人生,如此,似舞蝶与飞花共有的舒适,也似满月与盂水(指圆口器皿所盛装的水)同有的圆满……

另一方面,人在适应现实生活的同时,善于不落俗套地补救时弊,似和风消除酷暑的炎热,润人肺腑;在世俗生活中,保持脱俗的品性与人格,不存为纠正敝俗而有意标新立异之心,不起追逐时尚之念,似淡淡的月光映洒着轻云,相得益彰……

可能有的人会想:随缘顺事,是否就是随波逐流呢?是否就是安于现状呢?

似乎是,却又不是。

历史虽然发展到了今天,我们还是不难在现实生活中发现为数不少的善于长吁短叹的怨天尤人者——甚至包括自己在内,这种人在现实生活与工作中,往往不能适应现实,却对让现实适应自己的想法想入非非。于是,他们会抱怨北方的冬天太寒冷,抱怨南方的夏天太炎热,会埋怨这个单位的人际关系太复杂,埋怨那个单位不能发挥自己的才能等等,似乎天地之大,唯无自己的立足之处。于是,人生的宝贵光阴,也就消耗在这无尽的犹豫、动摇、迁移之中。

所以,随缘顺事,就是对症下药的一剂良方。随缘顺事的实质,正如创立了禅宗五宗之一的临济宗的义玄禅师所说:"随处可以做主人。"

在管理工作中运用这种思想,善于举一反三的管理者们就认为,一个人不论是处在现代生产与管理系统中的哪个职位,在任何时候、任何地方和任何境遇中,他都应该把握自己,珍惜现时,在自己的岗位中,毫无怨言地尽职尽力,随遇而安。这样,他就会因此而获得很多的智慧与经验,从而有助于他在日后负担起更重要的工作。

如一个银行总经理在开始参加银行工作的头八年中,所担任的都是会计、存款员、复核员之类的普通工作,而与他同时进入银行参加工作者,都早得到了升迁,担负起责任更重大的工作。虽然如此,他依然是默默地工作、学习,并得益于此,对银行的工作与系统有了一个全面的认识,这些都是促成他在日后成为一个成功的银行总经理的基础之一。

所以,随缘顺事与安于现状,看上去差不多,但在实质上却有很多的不同。随缘顺事是积极的、主动的,而安于现状则是消极的、被动的处世观,它意味着人只能浑浑噩噩地混日子。

而且,洪应明在论及人应随缘顺事地生活时,还论及了人应有脱俗的品行,要学会善于补救时弊,不要无原则地追逐每个时代都有的时髦病。这些无疑都是积极可取的,至今还有现实指导意义。因为它们指导着个人应有所作为,学会把握事物发展的远景,同时又抓住了自我的个性与本色。

比如正在进行的现代化建设,现实中依然有老牛拉破车的落伍思想,工作中那些松松散散的拖拉作风,不干正事却善于指手画脚等时弊,就是值得每个人用切实的行动来予以纠正的,这样才能做好现代化的建设。

有这样一个事例:闻名中外的上海宝钢总厂,是一个有着数十万人的大型重点企业,各种往来的电话繁多,可想而知。而宝钢总厂信息部却不因此而降低工作标准,还勇于向社会宣布:无论每天 24 小时中的任何时候,任何电话打到宝钢总机后,三声铃响之后,应有接线员应答。如果打电话者等待的时间超过 10 秒,查实后,每次将扣信息部的奖金 1 万元。此言一出,即使是经那些善于在鸡蛋中挑骨头的好事者的反复试探,也无懈可击。此举无疑就是补救时弊之举,确实不同凡响,它表明了宝钢信息部的一班人,已经建立起珍惜别人时间、提高自己工作效率的现代观念。

从这个事例可以看出"做人要脱俗"、"应事要随时"的传统原则,但它们所蕴涵的合理的成分,却依然是具有生命力的。

内外兼修,实现自我

《菜根谭》的首句箴言为:

——欲做精金美玉的人品,定从烈火中煅来;思立掀天揭地的事功,须向薄冰上履过。

《菜根谭》的末句箴言则为:

——世态有炎凉,而我无嗔喜;世味有浓淡,而我无欣民。一毫不落世情窠臼,便是一在世出世法也。

这段文字的开头和结尾让我们把握住了一个关于内外兼修、实现自我的成功者的逻辑圆圈。

《菜根谭》确是一部形散而神不散的、富于禅意禅趣而又兼容了儒道意识的处世恒言。

所以,我们总结成功人士之所以能走向成功,之所以能避免失败的内中奥秘,有以下几个关键:

第一,要确立高远的目标,"立身要高一步立"。没有哪个成功者是在自己不喜欢或不感兴趣的领域,取得自己毕生的最大成就的。因此,要成功,就要有的放矢,就要订立目标。要订立追求成功的目标,就要考虑与自己的兴趣兴奋点密切相连。从感性的角度说,成功者的目标是自己追求成功的欲望的表达,只有先明确"我要达到什么目标?"然后,才可能具体设想与设计"我如何才能达到这个目标?"从理性的角度说,目标又不仅仅是欲望,目标的内涵更具体,也有相应的空间时限。因此,目标是明确的,目标既受欲望、感情和兴趣兴奋点的牵动,同时也包括了自己要有主心骨,从而排除因油然而生的惰性而在散漫无序中游移不定的因素。

第二,要有广阔的胸襟,有用天下之才、尽天下之利的气度。在人际关系上,这种大胸怀也包括了最大限度的包容,如对异己者的包容,对陌生者的包容,对不如己者的包容,对于他人创见的尊重,对于不同意见的重视,"毋因群疑而阻独见,毋任己意而废人言,毋私小惠而伤大体,毋借公论以快私情",等等。如此,追求成功者才能形成一种博大而有无限涵存的人生观,提升自我的生命境界,加强团队的凝聚力,把事业做大,更上一层楼,最终攀上自我成功的顶峰。

第三,有要尝试与行动的勇气。面对着无限世界的无限可能性,人有着相应的主动性。目标明确后,通过不断的尝试与行动,才能更进一步知道自己更适合做什么,更进一步地明确自己到底要什么,然后更客观地明确目标,调整追求成功的策略与步骤。万事开头难,所以要毋惮初难;居安要思危,所以毋恃久安。成功的一切转机,是从当事人的奋斗中来，是从动态的发展中来。要想成功，就必须尝试再尝试，行动再行动。

第四，要有耐性，有定力，通过坚持来获得最后的成功。许多事没有成功，不是由于目标不明确，也不是行动策略不好，也不是由于完全没有努力，而是由于努力不够，功亏一篑最可惜。因此，要获得最后的成功，就必须拒绝形形色色的诱惑，排除各种各样的干扰，咬定目标不放松，在遇到困难时，要有一股决不放弃的韧劲。要牢记，坚持就是胜利，坚持就是成功。

最后，在同等的客观条件下，人事成败往往系于主观一念。成败得失之微妙，存乎一心。目标、胸怀、勇气、坚持、定力、道德等因素，因智慧的统帅，成功者之所以能获得成功尤其是最终成功的重要保证。

智慧，并不是因聪明而反被聪明误的聪明。聪明是天生的，是个体的一种能力，是个体的慧根；智慧则是后天熏陶与培植的，是靠相应原则与信念构建的大厦，是个体的慧根长成的参天绿阴，可以超越时空，泽及无数后来者……所以，即使是小小幼儿，人也尽可以夸赞其聪明；而白发苍苍的老翁老妇，也不一定就是智慧老人。

成功的终极精神因素，就是智慧培植的开发与推行。因此，把心性练大，把心力练强，提升自我的智慧，就是一切追求成功者所最需要解决的问题。

史载，两千多年前，老子出关后写出《道德经》，是“不知所终”——这一幕。

写出了《菜根谭》的洪应明，同样也是“不知所终”——这一幕，发生在大约四百多年前。

从智慧的思想与信念不死的角度来看，老子、洪应明们是“不会有终”的。

经典如死般地躺在书架上，依然鲜活的，唯有智慧的思想与信念。

所以，当先哲们已化为宇宙的尘埃时，他们那些智慧的思想与信念，依然存世，依然在后世成为驱逐黑暗与愚昧的火炬。

所以，通过阅读经典去寻找大师！在那里，即使找不到可望一劳永逸的全面结论，但还是能够找到闪光而又深刻的智慧之光，依然能给寻找者带来心性上的享受，激发相应的思幽怀古之情，引起的联翩浮想，把握人事成败的沧桑，真正领悟成功的真谛。

所以，我们说：“古人不余欺也”。

智慧之重要，之难得与难能可贵，一如数学公理之重要，就历史长河来看，都是不待证而自明的。

可喜的是，智慧如盐，单调乏味，但它的加盟，却使所有的味道都得以激活，得以更鲜和，而其中的养分，更是不在话下，并在天长日久中体现出来。

但是，在我们生活的这个时时处处在忙碌中透露出浮躁的时代，智慧尽管稀少，却总是供过于求。

对照孔夫子的人生年龄设计，包括自己在内的不少现代人“有志于学”的年龄已早于十五，少数成功者的立业也在“三十而立”之年前。但在这之外，又有几人能真正“四十而不惑”呢？现实中不乏一些曾经春风得意、曾被公认为聪明无比的成功人士，却落入了诸如“39 岁现象”、“59 岁现象”之类的俗套陷阱中，旁观者也可能不明白其中的道理。

可见，与以往不同的是，我们生活的信息时代，真正缺乏的是智慧，而智慧却是获得最终成功、实现自我而且能使成功者笑到最后的充分条件。

智慧又是简洁的，难的不在于知道不知道，而是在行动上。对此，古人曾表达出类似的意识：三岁孩童也道得，八十老翁行不得。

可见，智慧的践履，在于拒绝一念之差的行，在于数十年如一日的笃行。

所以总是：一是少部分人因此而成功，二是大部分人因此而平庸，三是少部分人因此而失足。

《菜根谭》是部有字的大文章，人事成败却是部无字的大文章。

你、我、他，或是这大文章中的一章、一节、一段，或是这大文章中的一句、一字，一符号。

笔在自己的手上，路在自己的脚下。

写了，走了，能笑到最后的，总是少数。

老子出关图，描述了老子骑青牛出函谷关时的情景。

陈秀喜的"离别的缄默"可以作为结语吧：

菜根没有语言
腌、压、晒的折磨
香脆中带着苦涩
咀嚼菜根的时候
请同时以冥思含咀我
千言却嫌少的缄默
有沉重的苦衷
恻然讥笑境中人
溺志中竟会产生
渝盟的顽石

做人是人生第一大事

明代的高攀龙说：人活在世上，最重要的就是要想做一个什么样的人，其他的事都处于次要地位。做人的道理，不必多说，只要看看《小学》这本书就行了。照着书中所说的去做，就不会有错。自古以来，那些聪慧、通达、明智的人，还有那些圣贤豪杰，对此看得最透彻，做得也最早，所以他们名垂千古、永不磨灭。如果听到这些话还不

明代文学家高攀龙像，图出自清·孔继尧绘《吴郡名贤图传赞》。

信，那就是平庸、蠢笨的人，他们应该猛醒过来。做一个好人，从眼前利益来看，得不到什么好处，但从长远利益来看，却是占了大便宜；做一个不好的人，眼前可以得到一些利益，但从长远来看，必然要吃大亏。自古以来，成功失败都显而易见，如果有人还执迷不悟，那将是很悲哀的。

与人交往最重要的是慎重选择交往对象，还要注意说话一定要谨慎。多说一句话，不如少说一句话；多认识一个人，不如少认识一个人。当然，如果是有才能、德行好的朋友，那就越多越好。唯恐人才难得，要了解一个人相当困难。所以俗话说："要做好人，须交好朋友。酵母如果酸了，就酿不出好酒来。"又说："丧家亡身的人，八成是因为说话引起的。"

治国先修身

孔子说：教令变得烦琐无作用，那都是因为执掌政权的人亲信有才的人，而亲信才德卑的人，人民就跟着亲信失德的人。他办事求我的时候，唯恐得不到我。我答应他的要求后他只是殷勤留住我，并不信用我了。还没见到圣人的时候，好像自己永远见不到圣人；见到了圣人，又不能信用圣人来做事。

小人亲近水而陷溺于水，君子喜欢辩论而陷溺于语言，掌管政权的人则常常被人们所陷溺，就是因为太过亲近而失去戒心。水和人很接近，所以人容易被它淹没；有道德的人熟习而容易亲近，很容易被熟习所陷溺；胡言乱语絮烦不堪，出口容易反悔难，很容易使人陷溺其中；人们不通情达理，有鄙陋的心计，对他们只能恭敬不能怠慢，否则很容易使人陷溺其中。所以对于这些人一定小心谨慎。

从天子到平民，都是要把修养自身道德作为根本。一个人自身的道德修养败坏，却要他整治家族、治理国家、使天下太平，那是不可能的。他所尊重的人轻视他，他所轻视的人却尊重他，这样要达到整治家族、治理国家、使天下太平，那是从来也没有过的事。这就叫做知根本，良知到来。

念真诚，就是不要自欺欺人。如同厌恶恶臭，如同喜欢美色，这叫做自求快意的满足。所以君子在独处的时候也一定小心谨慎。小人在独处的时候做坏事，没有什么做不出的。见到君子而后躲躲藏藏，掩饰自己的缺点，炫耀自己的优点。其实别人看自己就像看透他的肺肝一样清楚，这种隐恶扬美的做法又有什么好处呢？这就是内心是什么样的德行，必定会表现为相应的言行。所以君子在独处的时候也一定小心谨慎。财富可以装饰房屋，道德可以修养人身，心胸宽广才能身体安舒，所以君子也不要自己欺骗自己。

圣人的人格

孟子说：对自己的德行过分崇尚，把自己显得超凡脱俗，高谈阔论，冷嘲热讽，所有这些只是为了显示自己的功高傲慢而已。有这些做法的人都是山林隐士、愤世嫉俗。这类人远离红尘，形容枯槁，可他们偏偏喜欢这样。

为了标榜品行美好就："言必仁义忠信，行必恭俭推让。"这是天下太平时那些读书人好为人师的做法，有学问的和当老师的，都好搞这一套。一开口就是如何如何立大功，建大名，以及怎样事君为臣，纲正朝野，这都是为追求如何治国济世而已。朝廷里当官的，为尊君强国而奋斗的，开拓疆土、建功立业的，终生追求的就是这些。隐逸山泽，栖身旷野，钓鱼观花，只求无为自在而已。这是悠游江海之士，逃避现实、闲暇幽隐的人所喜好的。吹嘘呼吸，吞吐纳气，做一些黑熊吊颈、飞鸟展翅的运动，只不过为了延年益寿而已。这是导引养生、修炼气功者如彭祖一样高寿的人所喜好的。假如有人从来不刻意修养人品自然高尚，不讲求仁义道德自然美好，不求功名而天下自然大治，不处江海而无处不安适悠闲，不练气功而自然高寿，什么都没有但什么却都有，天地之大道，圣人之至德就是恬淡无极而众美会聚，这才是天地之大道。

修养身心是做事的根本

以武力夺得天下，打破了天子是不可变定律的说法。商汤对伊尹说："想要把天下治理好，怎么做才可以。"伊尹回答说："如果只是想把天下治理好，那天下不可能治理好；如果想把天下治理好的话，那就首先要把自己的身心修养好。"

先修身，完善自身。这才是做事的根本。更别说治理国家了。

历代的圣王，首先完善自身，天下大业才得以成功；首先修养自身，天下大局才得以安定太平。所以，回声好听的不在于回声，而在于产生回声的那种声音本身；影子好看的不在于影子，而在于产生影子的那种形体本身；治理天下的不在于怎样治理天下，而在于修养和完善自身。（即所谓声善则响善，形正则影直，身正则

伊尹像，图出自明·天然撰《历代古人像赞》。

天下治。)

心得其理,就能够听到真实而正确的情况;能听到真实而正确的情况,事情就会处理得适宜得当;事情处理得适宜得当,自然会功成名就。

首先要克制自己,这样才能够超越别人,想要评论别人的人,一定先要评论自己;想要了解别人的人,一定先要了解自己。不出门就能把天下治理得很好,这恐怕只有懂得自身修养并有自知之明的人才能做到吧!有修养的人说话,绝不胡搅蛮缠;有知识的人议论,也绝不胡说八道、信口开河。有修养、有知识的人,一定符合道理和原则,然后才说话或议论。

每件事的形成,都有其各自形成的原因。如果不知道它的成因,即使有时切合事物的实际,其实与不切事物的实际并没有根本上的不同,其结果必然为这种事物所困扰。凡事要先求诸己,即自己先要问一个为什么,只有真正明白该事物之所以是该事物的原因,才能进入自由不被外物所困扰。

水从山里流出来奔向大海,并不是因为水厌恶山而向往大海,而是山高海低的形势使它这样的;庄稼生在田野而储藏在粮仓中,并不是庄稼有这种欲望,而是人们都需要它。

如果把黄金和黄米饭团分别放在小孩子面前,小孩一定会抓取黄米饭团;把和氏璧和黄金放在鄙俗的人面前,鄙俗的人一定会取走黄金;把和氏璧和关于道德方面的至理名言放在贤人面前,贤人一定会选取至理名言。可见,智慧精深的人,所取的东西就越珍贵;智慧低下的人,所取的东西就越粗鄙。

积善成德

荀子说:"要想具有圣人的思想,就必然要积善成德,聪明睿智。"

积累细小的事情,每月积累不如每日积累,每季积累不如每月积累,每年积累不如每季积累。凡是轻视小事,当大事来临之后,才开始去努力实行的人,常常不如那些努力去治理小事的人。这是因为小事来临频繁,办事所花的时间也多,积累起来数量也大;大事来临稀少,办事所花的时间也少,积累起来数量也小。

不厌倦从善的人,接受规劝而能警戒自己的人,即便表面上看起来没有要求进步,也能够不断地取得进步。

要想有所成就就必须运用血气、意志、智慧和思虑去处理问题,又要遵循礼法,不遵循礼法,就会悖乱松懈;凡是饮食、衣服、居处,一举一动遵循礼法的,就能和谐有节奏,不遵循礼法的,就毛病百出;凡是容貌、态度、进退、走路,遵从礼法就文雅,不遵循礼法就傲慢孤僻,庸俗粗野。

水火有气,但没有生命;草木有生命但没有知觉;禽兽有知觉但不懂礼仪。人有气,有生命,有知觉,又懂得礼,所以人是天下最高贵的。人的力气不如牛,奔跑不如马,但牛马却为人所役使,这是因为人能合群,牛马不能合群。人为什么能合群呢?因为人有等级名分,等级名分为什么能贯彻实行呢?因为有礼仪来协调彼此的关系。所以,用礼仪区别等级名分,各得其所,就能和衷共济,和衷共济就能团结一致,团结一致就力量强盛,强盛就能战胜万物。

学习到了实行这一步就达到了顶峰。实行了就能明白事理,明白了就是圣人。

圣人把仁义视为根本，是非准确，言行一致，丝毫不差，在这里没有其他的道，其止境在于实行。所以，听到了不如亲眼见到，即使表面上广博也一定会出现错误；看见了而懂得，即使能记住也一定会出现假象；懂得了而不去实行，就算是内容充实丰厚也一定会出现困窘。

处处完全合乎美德的法则是：调理血气，保养身体，那么就可心步寿星彭祖的后尘；培养道德品质，自立自足，那么名声就可以与尧、舜相媲美。既善于适应顺境，又善于度过逆境，靠的便是礼法和信义了。

遇到什么事，能应付自如，立刻处理，像这样就可以叫做通达之士了。

勤奋而又孜孜不倦，就是"君子"，能融会贯通，便是"圣人"了。

以义正我

西汉时期，董仲舒说：义之法，要求用伦理道德来纠正自己，而不是纠正别人，我不自正，虽能正人，弗予为人。如果一个人自己灵魂肮脏，心术不正，行为不端，虽然能够整治别人，可不可以称之为"义"，义者，谓宜在我者。宜在我者而后可以称义。故言义者，合我与宜以为一言。以此操之，义为之言，我也。宜，即应该做的。我做了我应该做的就是宜。可见，义要从我做起，自己做不到的，要求别人做到；自己有错误，又批评别人有错误，这是无理让人无法接受的。

所以我们要做的是"以义正我"。做到"以义正我"包括以下几个步骤和内容："内视反听"，反听，接受反面意见；内视，进行自我省察。"自称其恶"，发现了错误，要正视它，要敢于承认错误，自我曝光。"攻己之恶"，承认错误，也要自我批评，批判错误，不能留情，不能手软。"反理正身"，反，同返。返理就是返归道理、伦理，使自己身心完全端正过来。

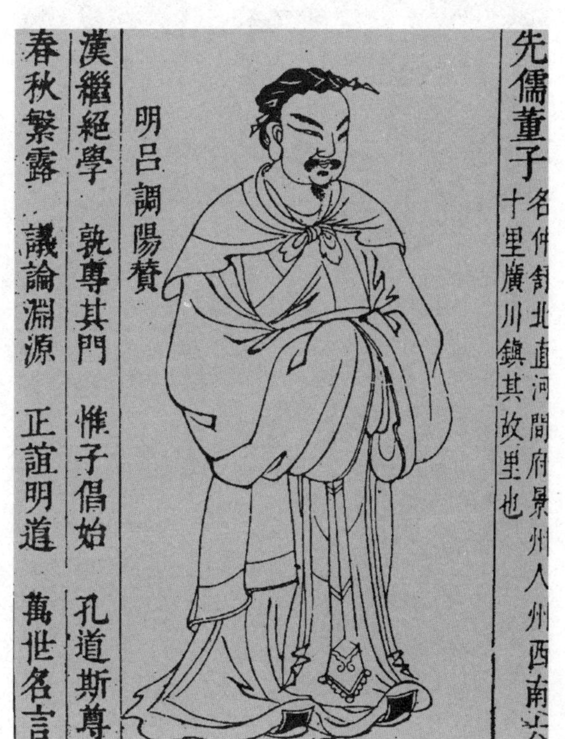

董仲舒像，图出自明·吕维祺《圣贤像赞》。

谈到"义"，就要说到"利"。"义"和"利"都是天生的，二者缺一不可。物质的"利"用来养身，精神的"义"用来养心。由于"体莫贵于心，故养莫重于义。"身体的各器官没有比心更重要的，所以养心的"义"就显得特别重要了。

义重于利，但是很多人却"忘义而徇利，去理而走邪"，甚至不惜坐监、砍头、破家呢！这是因为"利"对人的益处是近的，容易看得见的；"义"对人的益处是远的，不易被发现。他们目光短浅只看到"利"，从而失去了“义”。

修身的品质要随时势而变

唐代的赵蕤说：有的人品德高尚，称为君子；有的人品格卑下，叫做小人，也有推崇互相谦让之风的时候。但是，这些都不是出于人的本性，或出于理所当然，都是大的形势造成的。人们富余时才会退让，而不足时便会争斗。退让就产生了礼仪，争斗就会发生暴乱。财富多了欲望就减少，获取多了争斗就会停止。衣食丰足之后，才会有荣辱的观念产生。韩信是平民的时候，贫困潦倒，品行不正，不能被推举为官。待到汉中投奔刘邦，萧何向刘邦推荐他时说：“韩信是国家难得的人才，天下没有人能比得上他。”品行不正，这是由于他是平民时，衣食不足啊！假如给伯夷、叔齐一个小官职，只发给他不多的俸禄，全家老小都吃不饱饭就很可能导致他开始改变节操了。

在水里游泳的人不能拯救淹在水里的人，由于他自己的手足不能抽出来救别人。在火灾中被烧伤的人不能救火，因为他自己的烧伤疼得厉害。在树林中没有卖木柴的，在湖上没有卖鱼的，因为没有人缺少这种东西。所以，太平盛世，道德卑下的小人也会奉公守法，不义之财也诱惑不了他；但在世道混乱的时候，品格高尚的君子也会干坏事，法律也禁止不了他。夏桀、商纣当天子的时候，天下一片混乱，虽然关龙逄、王子比干是贤者，但人们还是称那时为乱世，就是因为作乱的人太多啊。唐尧、虞舜当天子的时候，天下太平，虽然丹朱、商均作乱，但人们还是称那时为太平盛世，就是因为守法的人太多啊。在尧、舜的时代，天下没有不得志的人，并不是因为那时的人都聪明。在桀、纣的时代，天下没有显达的人，并不是因为那时的人都愚笨。这都是时势造成的。靠近河边的土地总是湿润的，靠近山边的树木，总是长得很高。那是同类互相影响的原因。长江、黄河、淮河、济水等四条大河，都是向东流入大海的，所以众多的小河也没有向西流的，这是小河仿效大河，水少的追随水多的原因啊！

商纣王沉湎败德图

可见，世上的君子，未必就是君子。英明的君主恭敬谦让，百姓也就不互相争斗了；君主好仁德礼乐，下民也就不会凶暴；君主推崇道义节操，百姓也会按道义节操行事；君主宽厚慈爱，百姓也会互相关心爱护。有这四种原因，所以有道之君不靠严刑峻法也能化导天下，使天下成为太平盛世。这样看来，世上的君子，是明主化导的结果。

世上的小人，未必就是小人。殷商的法律并不可通融，然而社会风气却极坏，草野盗贼成群，朝廷内外，大夫互相勾结，狼狈为奸，上行下效，法律也禁止不了。这是说商朝的末世，大夫们都干非法的事，没有遵纪守法的，这也都是君主化导的结果。由此说来，世上的小人，是昏君化导的结果。

世上的礼让，也可能不是出于人们的本性。晋国的范宣子执政，他好礼让，大夫们也都好礼让。栾厌虽然横暴，也不敢违抗这种礼让之风，因而晋国安定，几代人都仰仗范宣子树立的民风安定地生活。这是榜样好啊。在周朝开始兴盛的时候，那时的诗中唱道："以文王为榜样，众多国家也都讲诚信了。"这就是榜样好的缘故。待到周朝衰落时，那时的诗中唱道："大夫不公平，让我做的事比别人都多。"这就是说没有谦让了。由此说来，是时势造成栾厌那样的礼让。因此，世人的礼让，也不全是出于人们的本性。

所以君子也好，小人也好，礼让也好，都是时势造成的。世上虽然有生来就品德高尚的人，但百里不能挑一，不能作为天下普遍标准。因而君子、小人本来没有固定不变的品德，大部分都是因为时势的推移变化而变化的。

立大志，成大事

洪应明的为人处世观点，告诉我们为人处世应立大志、立高志，唯有比别人高一步立身，才可以超越眼前事物所带给人的那些局限，否则，就如在尘土飞扬之时晒衣服，在泥泞中洗脚……展开的只能是一团糟的人生。

从古到今，我们看到的成功者与失败者之差，往往仅是一步之遥、一分之差。高一步立身，高一步的追求，往往就能使一个人成为生活中的强者、竞争中的赢家。

运动员在赛跑中，零点几秒之差，冠亚军的分水岭立见；绿茵场上，甲队比乙队多踢进一个球，甲队就可以晋级夺冠。

通常情况下，个人有了追求卓越的心理意识，往往会促使自己更具进取心，从而也有助于自己取得更大的成绩。因此，可以这样说，每个人所取得的成绩之所以有大小高低的不同，首先是由每个人立志立身的高低不同所决定的。

领导了秦末农民起义的陈胜，在年轻时，因家贫，就跟别的雇农一起给地主耕地。有一次在休息的时候，论及耕地的辛劳，都因失望而叹惜起来。陈胜有感而发，说道："倘若我们当中有人将来成了富贵者，可别忘了我们大家啊！"

其他雇农听了此言，七嘴八舌地讥笑他说："我们人人都在为别人干活耕地，哪儿会来富贵呢？你是白日做梦吧。"

陈胜叹了口气，说："唉！低飞觅食的燕雀哪会理解鸿鹄的冲天志向呢？庸人是不可能知道英雄的胸怀。"

正因为陈胜有着其他一般雇农所没有的高远的立身志向，所以，他和吴广能在大泽乡中率领一群平民兄弟揭竿而起，树立了中国历史上反对暴政的第一块丰碑，作出了一番惊天地、泣鬼神的辉煌事业。

诸葛亮像，图出自《图像三国志》。

淡泊以明志，宁静以致远

三国的诸葛亮说：只要排除外界干扰，才能得以修身；只有节俭才可以提高道德修养，这样才是有德行的。

不淡泊名利，就不能确立自己的志向；不排除外界的干扰，就不能有所前进。学必须静下来，才干来自于学，不学就不能增长自己的才干；没有志向就不能使学习有所成就，怠惰就无法振作精神，急于求成就不能陶冶情操。

时间飞快，意志随岁月的流逝而逐渐消沉，最后像枝叶一样枯落。多数人不能继承先代的事业，到头来含悲空守着一个穷困的家庭，到时候后悔也晚了。

一个人的志向应当高尚远大，仰慕前辈的贤者，断绝欲念，抛弃一切羁绊。好学而希望成才的志向，长存于心中，无所隐蔽，使人有所感觉。

要能屈能伸，广泛向人请教。弃掉怀疑怨恨，虽然有时受到挫折，也无损于高雅的情趣，就不必担心会达不到目的。

如果意志不坚定、意气不激昂，那就会碌碌无为，默默无闻，不能超凡脱俗，永远处于凡庸的地位，最终可能会沦为下游。

欲不可纵，志不可满

颜之推说：“欲不可纵，志不可满。”宇宙虽大却有极限，但是性情却没有边界，只有靠自己用少欲知足来为它划个界限。先祖靖侯公告诫子侄说：“我们家是书生门户，历世没有大富大贵的，以后做官不可超过二千石，子女婚配不要贪图高攀有权势的人家。”我把这一教导看成是至理名言。

如果想避免祸害，则要谦虚减损。穿衣只要能御寒，吃饭只要够充饥解乏，人身必需的东西尚不可过分，身外之物之事而要奢侈、骄纵就不可以了。周穆王、秦始皇和汉武帝，富有天下，贵为天子，不知道收敛限制自己，尚且自取败累，何况普通人呢？常以为二十口的家庭，奴婢不可太多，不能超过二十人，田地限十顷，房屋只要能遮蔽风雨，车马可供老年人代步，钱财积蓄有几万可用来准备吉凶急用，超过这个限度的，可用合理的方法分散掉；即使没有达到这个数目的，也不能用不合法的手段去强求。

做官处在中品，前面有人，后面有人，这正足以免掉耻辱，又少了倒台的危险。这样做官就可以做得太平。高于这个位置，就该自己辞官，回家享福了。从丧乱到现在，看见有人凭借形势环境的变化，侥幸获取高官的职位，白天还在位掌权，夜间便已尸填坑谷；朔日还欢乐得像卓王孙、程郑，晦日就像颜渊、原思那样穷而哭泣了。这样的人见得非常多。

周公像，图出自明 · 天然撰《历代古人像赞》。

孔夫子说：“奢侈会造成不谦逊，节俭则会使人显得鄙陋。与其奢侈而造成不谦逊，不如节俭而显鄙陋。”他又说：“即使有周公这样好的才智本领，如果同时有骄和吝的毛病，那么此人的其他优点就都不值得一提了。”照孔子的说法，“俭”和“吝”应是不同的，人应当可以俭而不可以吝。俭，应是指节省费用而合乎礼节；吝则是对别人遇到的危急困难不加帮助。现在的人往往讲到施与就不讲节俭，讲到节俭就显得悭吝。如果能做到虽施与但合礼，虽节俭而他人遇难仍能慷慨救助，那就好了。

君子应该充实自己等待时机的到来并坚持原则崇尚道德。一时爵禄没有上去，这也是天命所致。有的人为了求官求禄，奔走钻营，不顾羞耻惭愧，去跟别人比较才能和功业，甚至大声叫骂四处吵闹；有的利用宰相的隐私缺点勒索取酬；有的四处夸饰自己，以求有名有官。用这种手段去获取官位，还说是“才力”，这样欺世盗名以获利，和偷盗食物致饱，偷盗衣服致暖又有何差别呢？世人见到用这种方法取得官禄的，就说“弗索何获”，而不知如果时来运转，不去追求也会到来的；他们见到静退而一时无官的，又说“弗为胡成”，不知道如果条件不来时，空求也无益处。凡求了仍不得和不求而自得的，哪里数得清啊。

博学与否则会造成国家的兴亡，战争的胜败。无论在军中或朝里，不能为君主尽规划之功以利国家，君子是以此为耻辱的。但也常见一些文士，兵书读得不多，谋略也没有什么，在天下太平的时候，他们做的就是窥视宫廷秘事，幸灾乐祸，带头做逆乱的事，来欺骗善良的人们；在战乱的时候，他们在争斗双方（或几方）间反复无常地构陷煽惑，或帮这边或帮那边，合纵连横，不知存亡大势，胡乱拥戴别人为君主，最终导致陷身灭族之祸。

要知道自己不足之处

南宋时的袁采说：每个人都有其各自性格和品行的长短之处。与人交往，如果经常注意别人的短处，而无视他的长处，那么，就连一刻也难以与人相处。相反，如果常想着别人的长处，而不去计较他的短处，就能长时间的和睦相处。

人的品德、性格从来都不是完美的。有学问、修养的人知道自己的不足之处，所以用加强学习的办法来弥补，于是就变成了一个具有完美品德的人了。普通的人不知道自己的不足之处，而被这种不足支配着任意妄为，率性行事，所以造成许多过失。

《尚书》中说有九种德性，即“宽、柔、愿、乱、扰、直、简、刚、强”。这些是天生的；而“栗、立、恭、敬、毅、温、廉、塞、义”这些是通过学习而养成的。

圣贤之所以能成为圣贤就是因为这些东西。后世有一些有性急毛病的人佩带皮革，有性子慢毛病的人佩带紧绷的弓箭，都是出于这种原因。即使这样，自己的不足之处，也常常因自己无法知道而苦不堪言，必须向他人请教才能知道。大凡人们要谋划着做一件事，即使是日常生活中最微小的事，也定会发生一些摩擦和不如意而难以成功，或者即将成功但却失败了。经历几番后，才得以成功。然而，这样反复以后，得到的成功却能保持永久，平安而又无后患。如果偶然间有一两件事情轻而易举就成功了，那么日后一定会发生一些不如意的事情。大千世界，事物的发展变化简直不可测度。静下心来仔细想想这个道理很容易明白，也就能安然释怀地对待事物的成功与失败。

豁达之心，洒脱人生

在供有弥勒佛的佛像前总有这么一副对联“大肚能容，容天下难容之事；开口便笑，笑天下可笑之人”。这副对联，是讲度量的，人能达到能容天下万事万物的度量，其思想便是进入“禅”的高层境界了。度量，是对他人长处、短处和过错的一种包容。度量大，能得人心、团结人、纳众谋，以成其强大，对创造和谐的工作环境，非常有好处。

初涉人世的人，因为处世的经验很缺乏，还没有被社会不良习气所感染，即使已经被感染也不会太深，因此这种人自然还能保留淳朴天真的本性。而经历了人间种种惊涛骇浪和各种艰难险阻的人，积累的经验比较多，相应的城府也就比较深。因此，无论社会阅历浅还是社会阅历深的人，都应从成功和失败中吸取正面的经验教训，以此取得人生事业的成功，赢得世人的广泛称赞，而不应吸取反面的经验教训，追求世故圆滑、偷奸取巧，最终自食恶果。

统一企业的董事长高清愿认为，要能成就一番大事业，就必须要有肚量与气度，所谓江海不择细流，故能成其大，泰山不捐土壤，故能成其高。他举了自己的一个例子来说明，多年前，基于道义与情义，他在台南投资了一项自己全然陌生的事业，接手时，这个事业已摇摇欲坠，再加上市场竞争，百家争鸣，前景极为黯淡，面对这个必败的局面，他们苦撑多时，不得已，最后决定退出。

但是事情更为棘手，这家公司部分的高级员工，以他们退出为由，来凸显劳资对立的问题，这段期间，有很多不实的言论都落在高清愿董事长的身上，加上许多莫须有的罪名，皆极尽诋毁之能事，对个人造成不小的伤害，很多朋友都替他抱不平。之后，这家公司几番易主，他也逐渐淡忘此事，后来，有朋友告知，有一家企业负责人希望前来商议销售一事。

打听得知这家企业竟然就是当初接手的那家公司，负责人虽已换手，但是当初诽谤他甚烈的一些员工，仍位居高位，在这种情形下，他还是决定和这些朋友会面，并愿意协助他们进行产品的销售，不久之后，又设宴款待这些新朋友，两方都尽欢才散。

有的朋友认为不值得也无此必要，但是，高董事长的想法是，在成人的世界要化敌为友不是一件容易的事，如果他仅是顺势帮他人一下，再诚心请别人吃饭、谈谈心，即能因此化解误会，为什么不做呢？

他说道，他也是个非常平凡的人，遇到无理或无礼的事，也会生气，不过这些气，常与忘性连在一起，事情过了，也就忘了，每次生气，很少过夜，隔天，就不记得了。

他也曾经被落井下石、恶意伤害过，那些伤害在当时的确留下难以抹平的伤痕，但是随着时间的流逝，他也能坦然面对那些落在身上的痛楚，并且学会用另一种宽容的心去面对，他觉得自己并没有损失，反而因此获益。与其在心中还留着怨恨，倒不如把心胸放宽，让自己有更多的包容力来面对人生，面对未来。

养性就是养心。心是神之主，情、意、喜、怒、欲、乐、忧、思，俱出于心，养得心性实，自是忙中不乱，有条不紊。若是再进一步，即使是死亡的考验，也看得破，还有何事能动其心性，故古代一位名人曾经劝家人云："万里长城今犹在，不见当年秦始皇。"因此，平时树立正确的人生观，耿直的正义感，以及良好的品性，才能临危不惧，遇到事情时才能坦然处之。

人品的最高处是人的本然

长久以来，"东施效颦"的故事为人们所熟知，相传在春秋时代，越国有一名叫西施的绝色美女，她有心病，在村里总是皱着眉头。

本村的东头，有一名叫东施的丑女，每每见到西施的这副让人怜爱的模样，觉得很美。有样学样，她在村里，也学着模仿西施的那种手捧胸口、皱着眉头的模样。为此，村里人见了她，富人是关上了大门，穷人则是带着妻子儿女避开，谁见到她，躲着跑。

其实在东施盲目地去模仿西施的形貌动作时，她的作为只会增加她形貌上的丑陋度，使她失去自己的本来面目。事实上，爱美之心，人皆有之，东施也不例外，只不过她一味地模仿而失去了本真，结果是自取其辱。

所以，即使是相貌生得有些对不起观众，那么，一如流行歌词所吟唱——"我很丑，但我很温柔"，丑是客观，温柔是自然本色，丑加温柔，也是可爱之处。

说起人品，更是这样，人品有好与坏、高洁与卑劣、可信与不可信之分，而这些，都通过每个人的个性、情趣爱好、行为追求和对人际关系的处理等表现出来。

所以，如果是张飞，就不用如林黛玉般地吟诗焚稿、怄气吐血。是林妹妹式的人物，也不必似张飞那样去挥舞长矛，长坂坡大吼。

所以说，人之所以成人，树立本真的人品，是至关重要的。

不然的话，假如一个人因某些不可告人的目的而时时处处隐匿起自己的真面目，靠假面具来装扮自己，结果必是糟蹋了自己的个性，扭曲了自己的性情，从言谈到行为都充满了虚伪的成分和矫揉造作的举止，那么，这种人就只可配称为徒具形骸的伪妄之人，无异于行尸走肉，只会把虚伪可憎的印象留给别人。

终有一天，这种人会发现他们最缺失的正是自我的本来面目。所以，头脑中只会

越女西施像，图出自清·任熊绘《于越先贤像传赞》。

留有形影孤单、自怜自愧的痛苦，摆脱不了因虚伪而引起的心理上的自我折磨。

显然，这种人不可能得到幸福，其人生只可算是失败的人生。因为他们仅仅是在演戏，也许他们表演得很美也很得体，但并不能使自己信服，不能蒙蔽眼睛雪亮的人。

假如我们在处世时，每每都戴着面具，写文章也到了需要修饰之时，必须注意的是，不能因此而损害了自己的本然人品和文章的朴实。原因在于，本然人品与优秀文章都是容不得虚伪与矫饰的。中国优秀的传统文化十分强调这一点，从要求人保持天然的"本色"、"本来面目"乃至"君子坦荡荡"等说法，都是这种意思。

所以说，人活在世上能够保持清贫傲骨而又有逸态闲情的人生，是一种可以面对自我、不修边幅、素面朝天的生活。对于清贫之家，洁净在于扫地；对于清贫家之女儿，洁净在于梳头，景色虽不艳丽，而气度同样落落大方，自有风雅。如此，士君子即使是穷愁潦落，又岂会自惭形秽、自怨自艾？

用现在的一个词儿来做一概括总结，那就是"永远不作秀"。

治世者首先要修治内心

春秋时，管仲说：大凡万事万物的精神和灵气，结合起来就会产生生机。在地下表现为五谷的生长，在天上表现为众星闪耀。漂流在天地之间的精气，就是人们所说的鬼神了；藏在心胸之中，人便成了圣人。因此，这些精气有时明亮得像登上了九重天，有时却幽远深邃得像跌入了万丈深渊，有时柔润得像浸在大海里，有时又高大挺拔得像站在高山上。所以，这些精气不能用强力去留住它，但能够用德行使它安顿下来；不能用声音去呼唤它，却能用意念去迎合它。恭敬地守候它不让它流失，这就叫做德行，德行养成了，智慧就会出现，对万事万物的了解和掌握就很透彻了。

大凡内心的形式状态，总是自我充实、自我完满、自我生长、自我形成。之所以精气会消失，一定是因为忧愁、快乐、欢喜、生气、嗜欲、求利致使的。如果能除去这些情感欲望，心灵就会归复圆满状态。人的内心特性，就是需要安详、宁静，保持不烦恼不紊乱，和谐之气自然而然会形成。这和谐之气，一会儿明白清晰，好像就在身边；一会儿恍恍惚惚，无法捕捉；一会儿缥缈如风，广远似没有边界。而实际考察时它却近在咫尺,每天人们都可以把它的功德享用。

道,是可以用来把人的内心形态充实的。但人们却不能稳守着它。道走了就不会回来,来了也不会久留,它模糊不清而没有人能听到它的声音,但又会突然出现在人的内心;它昏暗不明因而没有人能看见它的形态,但又会连绵不断地与人们共同生长。虽然看不清它的形态,听不见它的声音,但它却井然有序地存在着,这就是人们所说的道。大凡道是无固定的居所的,遇到善良的心,便会安顿下来。心情平静,心理畅顺,就能使道停留不走。这种道并不遥远,人们可以依靠它生长;它并不远离人群,人们通过它而获得智慧。所以道突如其来似乎完全可以求索,渺小微细又似乎无法得知它的所在。这就是道的特性了。它讨厌声音和言语,只有修养内心,静修意念,这才可以被得到。道这种东西,用嘴说不出,用眼看不见,用耳听不出;它是用来修养内心,端正形貌的;人们如果完全丧失了它就等于死亡,有了它,才会有生气;办事情如果失去了它就会失败,得到它才会成功。这种万物之道,没有根也没有茎,没有叶子也没有花朵,但万物的生存和生长都依靠它,所以人们把它称为"道"。

在外形上不端正的人,是因为没有把德行养成;内心不平静的人,是因为内心没有治理好。端正了外表,修整了德行,就会像天一般仁厚,地一般正义了,这样就会渐渐地自然达到神明的最高境界,明彻地知晓世间万物了。内心保持虚静而不出差错,不因为外物而扰乱五官功能,不让五官扰乱内心感受,这就是所谓在内心中有所得到了。

在身边之中,原本就有一种精神存在,但它一会儿来,一会儿去,难以去揣度。如果内心失去它,就会纷乱,得到它就会安定。谦虚恭敬地清扫自己内心污垢,这种精气就会自然而来。纯净思想去认真思考它,宁息杂念来仔细梳理它,肃整形态去敬奉它,它就会保持极为安定的状态。得到它就不要轻易放弃,那么耳目器官就不会被迷惑了。

心中没有其他要求,只要在身体中有一个端正的心,万事万物就有了一个标准尺度。道充满天下,普遍存在于人们身边,但人们却不知道。只要用一句话去挑明它就会上能通达于天,下能畅游于地,并能足迹布满九州了。解释它的那句话是什么呢?就是"在于内心修治"。一个人的心治理好了,五官就会治理好,心安定,五官就会安定,而治理好整体的关键在于内心。

管仲像,图出自清·顾沅辑《古圣贤像传略》。管仲又称管子,是春秋时期著名的政治家。

心中包藏着心，心中又存在一个心。那个心里面的心，是先有意识，后产生言语的。有了意识然后聚成具体形象，有了具体形象再用言语表达出来。有了言语的表达就可以进行调遣，那么就能把事情治理好了。不能治理好，就一定会发生纷乱，有了纷乱就必将会导致灭亡。

在身体中存在精气，人就自然会生长。它的外在表现是人仪态安详，气色发亮；藏在人体内部，则有如源泉，浩大而平和，成为气的渊源。渊源不干涸，四肢才会强硬坚固；源泉不枯竭，九窍才会能顺。于是就能穷极天地，普及四海。心中没有迷惑的念头，身体就不会有邪恶的灾祸。心中能圆满不缺，身体就会端正周全，就不用担心会遇到天灾，也不用担心碰到人祸，这样就可以称作是圣人了。

人如果能够做到内心端正、虚静，那么他的皮肤必定会丰裕宽舒，耳目五官感觉灵敏，筋络坚韧而且骨骼强硬。这样的人才能头顶天，脚踏地，思维清晰得像明镜一般，目光像日月一般敏锐。恭敬谨慎而不会出差错，德行与日俱增，从而能遍知天下事，通晓四方地域。这样恭谨地发展这种精气，就叫做心中有所得。如果人们不能返回这种境界，就是生命中存在的遗憾了。

大凡道，必然是周全而细密的，是宽大而又舒放的，坚定而又牢固的。坚守着好的信念不舍弃，就可以驱逐淫邪，去除轻薄，充分领会了道的精髓，就可以返回到道德上来，一颗周全的心在身体当中是不可以隐藏的，它必定在形态容貌上表现出来，从肌肤色泽上也可以得知。带着和善的心去迎接别人，别人会觉得像见了兄弟一般亲切；怀着恶意去对待别人，会给人以兵戎相见的感觉。这都不是用言语表达出来的，却又比雷阵鼓鸣来得更迅速。心和气的形态，比日月还要光明，比父母了解子女更要透彻。只有奖赏是不足以劝导百姓从善的，只有刑罚也是不足以惩罚犯了错的人的。只有气的意向得当，天下间的百姓才会信服，内心的意向安定，天下就会顺从。

把所有精气集中就像神明一样，把万物存放在心中。能集中吗？能一心一意吗？能不用求占问卜就能预知吉凶吗？能随意停止吗？能随意完成吗？能不求别人而自己获得一切吗？这就要思考、思考、再思考了。思考还是不能得出结论，那么鬼神将会启发你。其实这并不是鬼神的力量，而是人的精气把它最强的力量展现。

四肢身体已经端正，心血精气已经虚静，意念专心统一，心神集中，外物不能迷惑耳目，这样即使遥远的事物也好像在眼前一样。思考会产生智慧，怠惰散漫容易产生忧患，暴躁骄傲会引来怨恨，忧郁会积成疾病，疾病困迫就会死亡。思考过度，钻进牛角而不停息，也会内生疲劳，外受压迫，如果不及时想办法停止，那么生命就会离开身体。吃东西最好不要过饱，思考最好不要走极端，要适可而止地自我调剂，自然生命就会前来。

大凡人的生存，都是天把精气赐给他，地造就他形体，二者结合才成为人。二者和谐那么人就生机盎然；二者不和谐那么人就没有了生机。考察这种调和的规则，往往实情是不能看见的，它的征兆也无法归类。中正平和占据着心胸，融合于心里，这就可以长寿。如果忧愤恼怒失去了平衡，超出限度，就应该立刻想办法消除。节制五种情欲，除去喜怒两种凶事，做到不大喜不大怒，心胸被中正平和占据。

大凡人在生存时，必须依照中正平和的原则。如果失去了这本性，一定是因为喜怒忧患这些情欲。所以说，要节制怒气最好就是欣赏诗歌，去除忧愁最好就是欣赏音乐，节制享乐最好是遵循礼仪法规，遵循礼仪，就要恭敬谨慎，要保持恭敬谨慎就要内心虚静了。内心虚静外表遵礼就能返回人的本性，本性也将会大为安定下来。

大凡人的生存，一定要依靠欢乐的情感去对待事物。忧愁就会失去了生命的规则，发怒就让生命秩序失去。

忧郁、悲哀、欢喜、愤怒，这些情感，拥有了道就无处容身了。有了爱欲的杂念，就要平息它；有了邪乱的思想，就要端正它。不要强做引导，不要强做催促，祥和的福气自然会归来。那道也会自然地回来，人们就可以借此与道同谋，虚静自然会获得道，急躁必然会把道失去。

心里存在灵气，时来时去，说它小，它微小得没有影踪；说它大，它大得没有外围。之所以会失去它，是因为急躁所害。内心如果能保持虚静，道将会停留下来。得道的人，邪气自然会从肌理间蒸发出去，从毛孔里排泄出来，从此心胸中没有腐败的东西。只要实行节制欲望情感的原则，就不会受到万物的侵害了。

修身养性，善于保养

战国时吕不韦说："没有人不是依靠他的知识来生存，却又不知他为什么生活。"没有人不是用他的智慧来认识，却又不知道为什么能够有所认识。懂得为什么能有认识就叫懂得了道，不懂得为什么会有认识就叫遗弃了真正的宝物。遗弃了宝物的人一定会遭殃。世上的人君，大多拿珠玉戈剑当做宝贝，而这些东西越多，百姓的怨愤就越大，国家就越危险，自身就越受祸患。这就失去了宝的意义了。用木革发声，那声音如雷；用金石发声，那声音如霆；用丝竹发声，那声音像在叫闹，这些声音使人心气惧怕，耳目不宁静，用它来摇荡心气可以，用这种噪声制音乐就不会让快乐的境地到达。

吕不韦像，图出自《东周列国志》。

音乐有它的精神，好像人的思想存在肌肤形体之中，有思想就一定有用来滋养天性之物，过度的寒温劳逸饥饱，这六种情况无论哪种，都有所偏颇，是不适合天性的。凡是养性之物，都应仔细察验它不适合于人的天性的东西而使它适合于天性，能够与养性之物长久相处而且相互适应，那么生命也就长久了。人生本来是静止的，感于外物而后才有知觉。外物使它有所知，一往而不返，最后被过度的欲望所挟制。过度的欲望无穷就一定会失去天性，过度的欲望没有穷尽就必定会有贪婪卑鄙惑乱的心思、淫逸奸诈之事情。所以强者威逼弱者,人多的损害人少的,勇猛的欺凌胆怯的,强壮的轻视幼小的,过度的欲望就会从这里产生。

想听到声音是耳的本性,但如果心中不快乐,五音在面前也不想听。眼的欲望是看到颜色,但如果心不快乐,五色在面前也不想看。鼻的本性是闻到芳香,如果心不快乐,芳香在面前也不想闻。口的本性是尝滋味,如果心不快乐,五味在面前也不想吃。有欲望的是耳目鼻口,快乐不快乐是人心。心一定要平和然后才有快乐,心一定要快乐然后耳目鼻口的欲望才有凭借的基础。所以,快乐的关键是使心平和,行为的适中从而使心平和。

快乐要适中,心也要适中。想长寿而憎恶夭折是人的本性,想荣耀而憎恶羞辱,想安逸而憎恶劳作,四种欲望得到满足,四种憎恶被排除了,那心就安适了。四种欲望的满足在于以理取胜,以理取胜用来修养自身就会保全生命,保全生命就会寿命长久。用以理取胜来治理国家,国家就能建立法制,建立法制天下就服从君王。所以以理取胜是让心适中的关键。

有五种保养办法:修筑宫殿房屋,安定床第,节制饮食,这是保养身体的办法。建立五种颜色,敷陈五种色彩,陈列青赤相配的文和赤白相配的章,这是保养眼睛的办法。定正六律,调和五声,杂和八风之音,这是保养耳朵的办法。使五谷熟,烹煮六畜,调和五味,这是养口的办法。面容温和,言语和悦,恭谨地进入退出,这是养心志的办法。这五种方法,交替重用,就叫善于保养了。

诚信则人亲百事成

战国时吕不韦说:“做人一定要诚实守信。”有了诚信,还会有什么人亲附不来呢?如果不诚信,事情就不会有所成,所以诚实守信所带来的功效太大了。

树立了诚信,那么虚假的话就可以鉴别,而虚假的话一旦鉴别出来,那么天地四方就都成为自己的了。诚信达到的地方,就都控制住了。控制住了却不加以利用,仍然是为他人所有;控制住了又加以利用,才是为自己所有。为自己所有,那么天地间的事物就会都为自己所用了。君主如果知道了这个道理,那他很快就能成就霸业了;如果臣子知道了这个道理,就可以成为辅助帝王的臣子。

不守信的君臣,百姓就会批评指责他们,国家就不会安宁;官员不诚信,年少的就不会敬畏年长的,地位尊贵的和地位低贱的就会相互轻视;赏罚不诚信,百姓就容易犯法,不可以役使;结交朋友不诚信,相互间就会离散怨恨,不能亲近;各种工匠不诚信,就会粗劣作假地制造器械,丹、漆等颜料就不纯正。

可以和它一起开始,可以与它一同终结,可以与它一同尊贵显达,可以与它一同卑微贫困的,大概只有诚信吧!诚信了再诚信,重叠在身上,就会与天意相同。这样来治理人,那么就会降下来好雨甘露,寒暑四季就会适宜了。

齐桓公征讨鲁国,鲁国人不敢轻率作战,离都城五十里封土为界。鲁国请求成为齐国的附庸国,听从指令,桓公同意了。

曹刿对鲁庄公说:“您是愿意死了又死,还是愿意生了又生?”庄公说:“什么意思?”曹刿说:“您听我的话,国土必定广大,自身必定安乐,这就是生了又生;不听我的话,国家必定灭亡,而自身也将遭到危险耻辱,这就是死了又死。”庄公说:“我愿听从您的话。”

于是在第二天，庄公与曹刿都怀揣着利剑去参加齐鲁两国的盟会。

盟会上，庄公左手抓住桓公，右手抽出剑来指着桓公，说：“鲁国都城离边境几百里，如今离边境只有五十里，已经没有生路了，同样是死，就让我死在您面前。”

管仲、鲍叔牙要上去，曹刿手按着剑挡在两人之间说：“现在两位君主将另做商量，谁都不许上去！”

庄公说：“在汶水封土为界就可以了，不然的话就请求一死。”

管仲说：“是用土地保卫君主，不是用君主保卫领土，您还是答应了吧！”于是齐国终于在汶水之南封土为界，跟鲁国把盟约订立。

《东周列国志》版画之“曹沫手剑劫齐侯”图。

齐桓公回到齐国以后想不还给鲁国土地，管仲说：“不可以。人家只是要劫持您，不是要订立盟约，可是您不知道，这不能叫做聪明；面临危险却不能不听任人家胁迫，这不能叫做勇敢；答应了却不还给人家土地，这不能叫做诚信。不聪明、不勇敢、不诚信，有这三样就不可以建立功名。还给鲁国土地，虽说失去了土地，但还能得到诚信的名声。用四百里的土地就在天下人面前显示了诚信，您还是有所获得的。

齐桓公听从了管仲的话。庄公是仇人，曹刿是敌人。对仇人、敌人都讲诚信，更何况对不是仇人、敌人的人呢？

桓公多次与诸侯会盟而能成功，使天下一切都得到了匡正，并使他们听从，管仲可以说是能因势利导了。他把耻辱变成光荣，把困窘变成通达，虽然在前面有所失，不过可以说到后来有所得了。本来事情就不可能是尽善尽美的。

修身要养心、治心、诚心

庄子曾说：“只听说要使天下的人自在而舒服的生活，没有听说要统治天下的。”苏东坡就把这两句话摘取作为养心之道。你对《小学》很熟悉，可取“在宥”二字的训诂体会玩味一番，就知道庄子、苏东坡都有顺其自然的意思。个人保养身心是如此，治理天下也是这样。如果吃药而每天更换几种药方，无缘无故而整年猛烈地补养，病情本来轻微而妄加药物强求发汗，那就像商鞅治理秦国，王安石治理北宋，完全丧失了自然的妙味。柳宗元所说的“名义上是爱护，其实是伤害”，陆游所说的“天下本无事，庸人自扰之”，说的都是这个道理。苏东坡《游罗浮》诗中说：“小儿少年有奇志，中宵起坐存黄庭。”下句一个“存”字，正合庄子“在宥”二字的意思，因苏家父子兄弟都讲究养生，采取黄老之说精微的旨意，所以对他的儿子称赞为有奇志。

养心修身，没有必要有太多的理，所知道的也不必太杂，与自己切身相关，每时每刻都用得着的，不过一两句话，就是要守约。古人患难忧虑的时候，正是他的品德、事业进步的时候，其功表现在胸怀坦荡，其效表现在身体健康。圣贤之所以成为圣贤，佛陀之所以成佛，其关键都在于遭到大难时，把心放得下，养得灵，有乐观的心胸，坦荡的意境，即使身体受了外伤，也不至于身体内部受到伤害。

自古到今的圣贤豪杰、文人才士，他们的志向不同，但豁达光明的心胸却大致相当。我们既然办理军务，就处在名利场中，应当时时勤劳，就如忙于收割谷物的农夫，忙于赚钱的商人，撑船下河滩的艄公。白天做事，晚上好好反思，以求把事办好。治理军事之外，其中应当有冲融气象。如果治事与冲融同时并进，为国勤劳，又淡泊名利，最是意味深长的了。写字的时候心情刚刚稳定下来，马上就感到安逸轻松了许多，由此可见，平时遇事不能忍耐，不能静下心来，必然导致疾病的产生。过去的日子里只注重患得患失，怎么能把宏图大志树立起来呢？

治心的方法，应先把心的毒害除去，外在的毒恶是愤怒，内在的毒恶是私欲。治身的方法，一定要防备身的恶患。刚烈的恶习是暴躁，柔懦的恶习是散漫。治口的方法，两者要交互警惕，一是谨慎说话，二是节俭饮食。大凡这数种，用什么药来医治呢？以礼来居守恭敬，以乐来保持和顺。外表刚强的恶习，用和来调适它。内在柔懦的恶习，用敬来把持它。饮食的不节制，用敬来检束它。说话多的过失，用和来收敛它。敬达到完美而表现为肃肃，和达到完善而表现出雍雍。尊敬和睦，这才是有德的容貌。雍容表现在外表，实际根源于内心。动和静交互颐养，温雅润泽就见于面，映于背，成为有德之人的仪睿和姿态。

庄子像，图出自清·顾沅辑《古圣贤像传略》。

首先心要安定下来，然后气才安定；气要安定，然后精神才安定；精神安定以后，身体才会安定。治理身心的最好办法，是以自己的力来战胜它，有两种方法：一种是以顽强的意志指挥气，一种是以静制动。凡人疲惫不堪、精神不振的时候，都是由于气弱。气弱则精神颓废。然而，意志坚强的人，气也会随意志而改变。比如贪早睡晚起的人，如果立志早起，就必然能够早起。在百无聊赖之时，是气在疲乏四散。如果端坐而固气，气也必会振作。这就是以志帅气。久病则气虚胆怯，时时怕死，困扰于心，就是做梦，也难以安静。必须将生前的名誉，死后的一切事情，以及各种私心杂念，统统忘掉。这样，自然心中会生出一种恬淡的意味来。寂静之极，真阳自生，这就是以静制动的方法。

我们应当永远要待人以真诚，处世虚心。心诚则志气专一，历尽磨难，也不改变初衷，终有顺理成章，获得圆满结果的一天。虚心，则不会矫揉造作，不挟私见，最终可以被大家所理解。凡是正确的话、实话，多说几句没有关系，久而久之，人们自然能明白你的心意，即使直来直去的话，也不妨多说几句，但千万不可将攻讦别人的隐私当做直话，尤其不可以在背后诋毁别人的短处。领导将领的艺术，最重要的是开诚布公，而不是对于权术的玩弄。

君子之道，最重要的是在天下倡导"忠诚"二字。每当天下大乱，无论上下哪一等人，都会放纵物欲，彼此都使奸诈的手段，相互争夺，以阴谋诡计来争夺胜负。自己则想尽办法谋求尽可能的安全，而把别人置于最危险的境地。怕难避害，不肯出一点点力来拯救天下的危难。只有忠诚的君子，才奋起匡正时乱，不惜牺牲自己的利益，为天下百姓作出贡献，除去天下虚伪的恶习，崇尚朴实。自己历尽危难，而不要求别人也和自己一样。为了国家，不惜舍弃自己的生命，视死如归，没有一丝一毫的畏惧。于是，感动了大家，都以他们为榜样，以苟且偷生为耻，以逃避事情为羞耻之事。

人必须虚怀若谷，心胸坦荡，没有私心杂念的存在，然后才能真实无妄。诚实，就是不欺骗。人之所以要欺骗别人，心中必然还装着别的东西。有了私心，就不敢告诉别人。于是只得编造假话骗人。如果心中没有丝毫杂念，又何必欺骗人呢？他所以要自己欺骗自己，也是因为心中还有其他杂念。良知在于好德，私心在于好色。如果不能去掉好色的私心，就不能不欺骗自己好德的良知了。所以说，诚就是不说假话。替上司办事，应当以自己的诚意来感动他，以真心对待他，这才是真正的奉承上司之道。如果阿谀奉承，随声附和，这不是真正地对上司的尊敬。

避免自傲，痛改前非

就算是功绩盖世，也会因居功自傲而前功尽弃。洪应明认为，无论是"矜"还是"悔"，其实人生就是一个"悟"字。就是要悟到真正的生存智慧，就是要认识到自己应该为什么而活着。面对世人的称颂，面对荣华富贵，如果你以为这些就是人最终的追求，一旦拥有了这些，就自足自骄起来，那就是自己把自己的功业断送掉了，甚至还会走向反面，对世人犯下悔亦不及的大罪过。古往今来，多少人在"骄傲"的问题上栽了跟头，出了问题。

有的人，在无意中获得了一件心爱的宝物，或办成了一桩得意的事情，往往爱在人前炫耀一番。这种炫耀久而久之就变成了一种卖弄，这样一来，别人知道自己拥有了宝物肯定会投以赞赏和羡慕的眼光，而且自己还因为有这样一件宝物，时常为办成一件小事而沾沾自喜。

与大家一起分享好东西，把自己拥有的好东西露给别人看一看，把自己的得意之事说给别人听听，也没有什么不可以的，也没有什么不好的；但是，如果炫耀的心理太炽热，想听好听、奉承和赞美之话的渴望太强烈了，人就陷入了"卖弄"之歧途。而这种卖弄有时就像是毒药,会让你上瘾,最后把做人的本性失去。

爱卖弄的人总是故意要显露某些东西,企盼获得他人的喝彩,以满足自我的虚荣之心。这种人生状态虽不会给人带来什么灾难,但却常常引发他人的厌恶,甚至鄙视,且易养成自我骄傲自满的心理,这极为不可取。

曾经有一位农夫,在田里拾到一个非常脏的卢布。有人对他说:“只要你愿意,我们就用三大把五分的硬币跟你调换。”“不!”农夫想,“我一定要让你们出价更高。如果我略施小计,你们会争着抢着出大价钱来买哩!”于是他找来了铅粉、树皮和砂纸,先把金卢布在砖上磨着,再用树皮刮着,然后用砂纸和铅粉擦着。最后,金卢布变得金光闪亮,可是却没有人要,因为它的重量减轻了,价值自然也就降低了。

在现实生活中,类似老农的人很多。我们往往把各种徒有其表的时髦当成典范。因此,当你为质朴的灵魂撕去粗野的外表时,千万不要糟蹋了他们善良的品质,而只落得虚有其表的光彩,到头来不但品质没有提高,反而以糟粕代替了精华。

虚荣心很强是好卖弄的人的特点。虚荣是我们心灵深处的魔鬼,使我们变得自负,误以为自己很了不起,可事实上并非如此。有些人私底下常常十分无奈,但还是拼命想出风头,结果什么也得不到。一旦真相大白,他们便无地自容,失去信心,放弃了使自己重新振作起来的机会,到头来,虚荣带给他们的只有失败。其实,这些人是在玩一场注定要失败的赌博游戏,他们将变成一个固执己见的人,最终只能连连碰壁。

有时候虚荣可以帮助我们,成为我们生命的动力;我们为了私欲而贪图虚荣,虚荣可以害我们,成为我们生命的累赘。因此,不要带着这些负累去面对你漫长的人生之路。以一颗轻松、纯净的心去面对。那时我们就会发现,我们的人生路上充满了阳光。我们要像元代王冕《题墨梅》诗中说的那样:“不要人夸好颜色,只留清气满乾坤。”

任何情况下都必须把自己的位置摆正。即使立下盖世奇功,成为天下崇拜的英雄,假如自己产生自傲的念头,不但功劳会在自傲中丧失,还会招来无妄之灾。切记:“骄矜无功,忏悔灭罪。”

将相本无种,男儿当自强

对一个人的成长,环境固然有很大的影响,但一个人所处的环境并不能决定一个人的命运,因此养尊处优的环境可能会导致一个人的腐化堕落,困难重重的恶劣环境也许会激发一个人的斗志。犯错误的过程是一个积累经验的过程,失败的过程也是接近成功的过程,只要自身努力,再恶劣的环境也是可以改变的。我们可以选择很多事情,但就是不能选择性别和出身,所以,无论出身如何,将来的一切还是要靠我们自己的。古语云:“将相本无种,男儿当自强。”可见一个人不必太计较环境的好坏和出身的贵贱,关键是要自强、自尊、自爱、自信、自尊、自律,只有这样才能拥抱理想。

有这么一个故事,一个叫原宪的人,住在鲁国,穷得丁当响,一间小茅草房,桑枝做门框,蓬草做成门,破罐子做窗户,屋顶漏雨地面潮湿。可是,原宪却端正地坐着弹琴。子贡骑着大马,穿着白色的衣服,里面衬着紫红的里子去见原宪。原宪戴着破帽子,穿着破鞋,倚着藜茎做的杖,在门口应答。子贡说:“啊!先生生了什么病?”原宪说:“我听说,没有钱叫做贫,有学识而不能照着做叫做病。现在我是贫,不是病。”子贡羞愧得无地自容。在洪应明看来,贫穷只意味着钱少或没有钱,并不意味着精神贫困。当人们在人生之路上不幸陷入贫穷时,不用惊慌失措,不用自责无能,因为忍受贫困本来就很重要。

“野火烧不尽,春风吹又生”这句诗之所以千古流传,是因为它向人们阐述了一个生命力的概念,其寓意远远超出了诗句表现的“诗情画意”。

当一个人被高山密林阻住了前进方向,后退只能死亡,只有向前闯,有勇气开辟一条属于自己的新路,才可以突围出去。

生存的欲望乃生命力之源,只要这种欲望不灭,生命力就会顽强地存在下去,并发展和繁衍。

勇于挑战的人往往会将自己的超常设想置于危险的边缘。因为他知道,只有这样的成功才是独一无二的,而只有独一无二的创新才是一笔最重要的财富。

孔子的弟子原宪像

严格要求自己,内外有度

人的几种潜能除非遭到巨大的打击和刺激,否则永远不会显露出来,也永远不会迸发的。这种神秘的力量深藏在人体的最深层,非一般的刺激所能激发,但是每当人们受了讥讽、凌辱、欺侮以后,便会产生一种新的力量来,做到从来做不到的事情。

曾经一个成功的企业家说,他在自己一生中所获得的每一个成功,都是与艰难苦斗的结果,所以,他现在对那些不费力而得来的成功,反倒觉得有些靠不住。他觉得,克服障碍以及种种缺陷,从奋斗中获取成功,才可以给人以喜悦。这个商人喜欢做艰难的事情,艰难的事情可以试验他的力量,考验他的才干;他反而不喜欢容易的事情,因为不费力的事情不是给他奋发向上的动力。

曾经有这么一个年轻人,原来家境非常贫寒,因此在他四年的大学生活中,常被那些家境富裕的同学开玩笑,他们不是取笑他衣衫褴褛,便是讥笑他寒酸。受着同学们这样的讥笑,他竟然不为讥讽所屈服,而是暗下决心。

后来,这个青年果然有所作为。他说,自己在学生时所受的种种讥笑反倒成了对他雄心的最好激励。

在世界上不知道有多少人把自己所取得的成就归功于障碍与缺陷。如果没有那障碍与缺陷的刺激,他们也许只会发掘出他们25%的才能,但一遇到困境,才能把另外的潜能激发出来。

巨大的逆境所激发的潜力，并不是人人都有的，所以世界上真正能发现自己，把自己最好最大的能量发挥出来的人并不多见。有些人连做梦也没有想到自己竟然能做成这样的事。

严于律己，勿忘德责

生活在现实中的人，每天都在和人打交道。一个人甚至出于好意也会伤害他人。朋友背叛我们，父母责骂我们，爱人离开我们……总之，我们每个人都可能会受到伤害。

总之在受到伤害的时候，最容易产生两种不同的反应："一种是怨恨，一种是宽恕。"

产生怨恨的情绪是我们对受到深深的无辜伤害的自然反应，这种情绪来得很快。无论是被动的还是主动的，怨恨都是一种郁积着的邪恶，它窒息着快乐，危害着我们的健康。它对怨恨者的伤害比怨恨更大。为了我们自己，必须把怨恨消除。

宽恕是消除怨恨最直接有效的方法。宽恕必须承受被伤害的事实，要经过从"怨恨对方"到"我认了"的情绪转折，最后认识到不宽恕的坏处，从而积极地去思考如何把对方原谅。

在生活中的宽恕可以产生奇迹，宽恕可以挽回感情上的损失，宽恕犹如一个火把，能照亮由焦躁、怨恨和复仇心理铺就的黑暗道路。

有个16岁的少女叫爱伦。她的生母遗弃了她，这让她非常气愤，她常常问自己为什么生母不抚养自己呢？后来，她找到自己的生身父母，发现她们很年轻，十分贫穷，而且还没有结婚，只是在一起居住罢了。

后来，爱伦的一个女友怀孕了，可是又因为害怕把婴儿打掉了。爱伦帮助她的女友渡过了难关。渐渐地，她懂得了，在这种环境下，这么做是对的。她开始理解自己生母当时的处境了——因为太爱自己的孩子，所以只得送给别人，否则就会饿死。爱伦的同情心使她的愤怒情绪渐渐平息，她原谅了自己的生母。

也许当我们宽恕别人的时候，也正是我们人类固有的非凡的创造行为得以实现的时候，我们既治愈了创伤，又创造了一个摆脱过去痛苦的新方法。

宽容是风度，是美德，更是一种气质。悠悠岁月，茫茫人海，谁能保证不犯一点点的错误呢？抛弃怨恨，选择宽恕吧，宽恕别人，也是给自己展开一片新天地。

自检自省，慎独处世

古代的君子，时时不忘寻找空闲的时间来自检自省，以保持安静的心境来做细密的打算，以减少行动上的失误，把那些不合时宜、不合规范的幻想抛弃。

人无论得意时，还是失意时，都注意依据不同的内容作自检自省：无事闲暇时，反省自己是否有闲杂的念想；有事忙碌时，反省自己是否因忙碌而意粗气浮；人生得意时，反省自己待人接物是否有骄矜辞色；人生失意时，反省自己是否有怨天尤人的埋怨情绪。

君子在处世时,不论是面临大事或小事,在人前或人后,能心中亮堂堂,坚持始终如一的处世道德观念。他们的高风亮节、磊落态度,是从小事、从无人处、从山穷水尽而如履薄冰时培植起来的,他们光照日月的思想,源自冥默精诚的为人原则,并通过他们的具体言行,被他人所把握、认识和认同,进而影响到他人、团体、社区乃至国家,这也是他们指点江山、旋转乾坤的依据之一……

孔子的弟子曾参像

孔子的弟子曾子自述道:“我每天都就三件事来反复检查自己:替人办事时,有未曾竭尽全力之处吗?与朋友交往时,有未能诚实相待之处吗?对老师传授的学业,有尚未认真温习的部分吗?……”他每天依据这三条自律标准,逐条反省自己的日常作为,好则发扬之,不足则改正之,使其作为认识自己、把握自己并最终提高自己的处世水准的有效途径,从而让自己的修养更趋向完善。

的确,自己最易找到自己的短处和不足。对此予以自检自省,对症下药,既可完善自己,又会有助于民众的事业和利益。

如果能够自检自省、自我约束者,就不难做到慎独,就可以在无人监督或不受舆论谴责的境况中,谨慎处世,恪守自己的道德信念,洁身自好,从而自觉调整并处理好自己与他人、个人与团体、团体与社会的关系。

慎独还有一个重要的好处,就是能使人避嫌,在这方面,古人有“瓜田不纳履,李下不整冠”之类的训诫,意思是,当孤身一人经过别人的瓜田时,即使鞋子脱落了,也不要弯腰去提鞋子,以免别人怀疑你在偷瓜;同理,在经过别人的李树下时,即使帽子被碰歪了,也不要举手去戴正它,以免别人怀疑你在偷李子。可见,在处世时,要成为品格高尚的人,绕避类似瓜田李下的种种嫌疑,就不可不慎独。这个道理古今皆然。

我们可以借鉴前人的自省标准,再根据自己的具体情况,订出切实可行的自省标准,务实不务虚,一旦订出,就应切实做到,不可一曝十寒,这一点很重要。

仁德是安逸之所

平日里就很注意积攒钱物的人到了荒年也不会窘迫,平时注意道德修养的人在乱世中也不会把方向迷失。

只要人能够把善心扩充,那么就会有使用不尽的仁德;只要人能扩充自己不愿穿墙打洞(当贼)的心,那么就会有使用不尽的义;只要人能扩充自己不受轻蔑的实际言行,那他就无论走到哪里也不会违背道义了。

君子和普通人不同之处就在于他总是保持着善心。

仁德的人爱护他人,讲礼义的人恭敬他人;爱护别人的人,别人也总是敬爱他;恭敬别人的人,别人也总是恭敬他。

尊重仁德,就可以快快乐乐。所以君子在贫穷时不会丧失道义,得志时不会对原则背离。

一个欲望很少的人,他虽然也有心存不善的地方,但毕竟也是很少的;一个人如果欲望很多,就算有善心,也很有限。

遇到事要先反问一下自己是否理亏,如果亏理,对方虽是贫贱的人,我也不能让他害怕;自己觉得自己有理,那么即使面对千军万马,也没有什么畏惧。

拿得起,放得下

“追求”是个无止境的行动,但只有走得进又能走得出的人才是高人。经商是为了发财,但不能成为金钱的奴隶;求学是为了报效祖国,但不能为了学习而学习;从政是为了更好地服务于人民,但不能为了当官不择手段。如果为了求取功名富贵而不择手段,为了博得仁义道德的美名而虚情假意,即使取得了功名富贵、博得了仁义道德的虚名,也会丧失本来的意义。

适当放弃,离开那些看似美好,却不能使人再进步发展的方向。人必须不断在放弃中前进和生存。

舍得,舍得,舍在前得在后。心地善良、胸襟开阔等良好的品性,才是健康长寿之本。贪图小便宜,终究是要吃大亏的。

有这么一个故事,法国人从莫斯科撤走后,一位农夫和一位商人在街上寻找财物。他们发现了一大堆未被烧焦的羊毛,两个人就各分了一半捆在自己的背上。

回来的路上,他们又发现了一些布匹,农夫将身上沉重的羊毛扔掉,选些自己扛得动的较好的布匹;贪婪的商人将农夫所丢下的羊毛和剩余的布匹统统捡起来,重负让他气喘吁吁、行动缓慢。走了不远,他们又发现了一些银质的餐具,农夫将布匹扔掉,捡了些较好的银器背上,商人却因沉重的羊毛和布匹压得他无法弯腰而作罢。这时,天降大雨,饥寒交迫的商人身上的羊毛和布匹被雨水淋湿了,他踉跄着摔倒在泥泞当中;而农夫却一身轻松地回家了。他变卖了银餐具,逐渐变得富足。

这就是所谓的拿得起放得下。正如我们人生路上一样,大千世界,万种诱惑,什么都想要,会累死你,该放就放,你会轻松快乐一生。

有得必有失,有失才有得。“塞翁失马,焉知非福。”揭示了一个亘古不变的真理。有“体操王子”美誉的李宁,退出体坛后选择了办实业的道路,不也取得了令人称美的成功吗?如同一切时髦的东西都会过时一样,一切的荣耀或巅峰状态也都会被抛到身后或烟消云散的。

所以,一个拥有智慧与理性的人,既然“拿得起”那颇有分量的光环,也同样应当“放得下”它,从而使自己步入柳暗花明的新天地,做出另一种有意义的选择。那么,我们还会有什么遗憾呢。

爱憎分明，分寸适当

一个人，做到爱憎分明并不容易，而做到分寸适当就更为不容易了。对待小人的缺点和过失，我们常常心生憎恶，不去教育，那么小人依然还是小人，或者是连人带事一起批评，而不是从爱护的角度出发对事不对人，这样做的结果往往是伤害了小人的自尊心，使他们丧失了改过自新的信心，所以，洪应明认为，与其批评一个人，还不如真正去爱一个人。而对待比自己地位、声誉高的人，一般人都会去以礼相待，在这种情况下，最难做到的是礼节有度，而不是恭敬过度，甚至流于奉承谄媚，所以这一切度的把握上很重要。

在春秋时期，楚庄王大宴群臣，名叫太平宴。文武大小官员，宠姬妃嫔，统统出席，各要尽欢。席间奏乐歌舞，美酒佳肴，饮至黄昏，兴犹未尽。楚王命点烛继续夜宴，还特别叫最宠爱的两位美人许姬和麦姬，轮流向各人敬酒。忽然一阵怪风，吹熄了所有蜡烛，漆黑一团，席上一位官员乘机摸了许姬的玉手，许姬一甩手，扯断了他的帽带，匆匆回座附耳对楚王说："刚才有人乘机调戏我，我扯断了他的帽带，赶快叫人点起烛来看看谁没有帽带，就知道是谁了。"楚王听了，忙命不要点烛，却大声向各人说："寡人今晚，就要与诸位同醉，来，大家都把帽子摘下来痛饮一场。"

于是百官把帽子摘下，楚王命令点烛，都不戴帽子了，也就看不出是谁的帽带断了。席散回宫，许姬怪楚王不给她出气，楚王笑说："此次宴会，目的在狂欢，酒后狂态，乃人之常情，若要追究，岂不是大煞风景，这怎么会是宴会的本意呢？"

楚庄王像，图出自《东周列国志》。

听完后，许姬方服了楚王装糊涂的用意。

后来，在楚庄王伐郑的战斗中，有一健将独率数百人，为三军开路，斩将过关，直逼郑的都城，使楚王声威大震，这位将军后来承认他就是当年摸许姬手的那个人。

什么事都要有一个度的衡量，否则性质就会发生变化，这就要求人们矫枉切勿过正。一个人很值得称道的优点也不免会伴随着不足，宅心仁厚的人可能会因为心肠太好而原则性不强，善于观察的人可能会因为明察秋毫而不轻易饶人，清廉正直的人可能会因为疾恶如仇而流于偏激，只有在发挥自己优点的同时又能克服自己的弱点,才能达到预期目标。

人生之中,每个人都必定会遇到许许多多令自己“难堪”的情境,对此,人们可以借助于“糊涂”,“忍让”一下,不过于斤斤计较,暂时“吃点小亏”,作点“退却姿态”。这种“糊涂”,可以让你有更多的时间去享受人生,更多地维护自己。

君子行事,以诚为贵

孔子说:“天下只有最真诚的人,才能制定治理天下的法则,树立天下的根本,掌握天地化育万物的道理。”他要倚仗些什么呢?多么诚恳啊他的仁爱之心,多么深远啊他的聪明才智,多么广大啊他的美德善行。如果他本来就不是聪明智慧通达天赋美德的人,还会有谁明白天地的真诚呢?

天下只有最真诚的人,才能尽量发挥自己天赋的本性;能尽量发挥自己天赋的本性,才能尽量发挥其他人天赋的本性;能尽量发挥其他人天赋的本性,才能充分发挥万物天赋的本性;能充分发挥万物天赋的本性,就可以帮助天地哺化孕育万物,可以与天地匹配,并立而为三了。

那些比圣人稍次的贤人,把真诚推致细小事物上,在细小事物上能做到真诚,真诚就会显现出来,显现出来就会渐渐显著,渐渐显著就会彰明,彰明就会感动万物,感动万物就会变革人心,变革人心就能感化民众。只有天下最真诚的人才能把民众感化。

有最真诚的德性,可以把未来预知。国家即将兴盛,一定有吉祥的预兆;国家将要灭亡,一定有灾祸邪异。这些可以从占筮占卜的卦辞中发现,也可以从人们的动作威仪中察觉。祸福即将来临之时,是福必然能预先知道,是祸也必然能预先知道。因此最真诚的就好像是和神明一样。

所谓自身品德修养,在于端正自己的内心。自身有所愤怒,内心就不能端正;自身有所畏惧,内心就不能端正;自身有所逸乐,内心就不能端正;自身有所忧患,内心就不能端正。心思不能集中,看东西就像看不见,听声音就像听不见,吃东西也不知道滋味。这就是说:修养自身品德在于把自己内心端正。

真诚是人的自我完善,他的方法是自己引导自己。真诚,贯穿于一切事物的始终,没有真诚就没有万物,因此君子以真诚为贵。真诚,并非只是自我完善而已,还要用来成就万物。自我完善,是仁义的表现;成就万物,是智慧的体现。天赋的真诚品德,是结合了天地内外的道理,因此随时运用而无不适宜。因此,最真诚的德性是永不停息的,永不停息就能长久,长久就会通达,通达就可悠远,悠远就会广博深厚,广博深厚就会高大光明。广博深厚用以承载万物,高大光明用以覆盖万物,悠远用以成就万物。广博深厚与地相匹配,高大光明与天相匹配,悠远而无边无际。这样,不用表现却自然彰明,不用行动却能感人化物,无所作为却能自然成就万物。天地的德性可用一句话概括:它自身真诚不二,化生万物深奥难测。天地的德性真是广博啊,深厚啊,高大啊,光明啊,悠远啊,永久啊!

全天下只有最圣明的人,才能做到聪明睿智可以临视万物,宽厚温柔可以包容天地,奋发刚强坚毅可以决断事物,端庄公正可以使人尊敬,条理清晰细致可以辨别是非邪正。圣人的美德博大精深而又适时表现出来。博大像天,深沉像渊,表现在仪表上则人们没有不敬佩的,表现在言论上则人们没有不信任的,表现在行为上则人们没有不欢欣的。所以他的美好声名广泛流传在中国,并传播到边远的少数民族部落;车船所到的地方,步行所到的地方,天所覆盖的地方,地所负载的地方,日月照耀的地方,霜露降落的地方,只要有血脉气息的人,就没有人不对他尊敬亲近,所以说圣人的德行可以与天匹配。

修身洁行才能立于不败之地

晋朝时,有人写信给阮籍先生说:“天下没有比君子更加尊贵的了。他们的衣服有一定的颜色,表情有一定的准则,言谈有一定的标准,行为有一定的法式,站着就像磬一样折腰,作揖打拱就像抱着鼓一样,动静都有节度,走路的快慢都合乎音乐的节奏。进退应酬,都有规矩。心中好像怀有冰块一样,在不停地颤抖。约束自己,修养品行,一天比一天谨慎。走路时选择地方,唯恐失礼。背诵周公、孔子的遗训,赞叹唐尧、虞舜的道德。一心按礼法来修养自己、克制自己。手中捧着行仪礼的玉器,脚下踩着礼法之道。行为要成为当代的榜样,言论要成为后世的准则。少年时在家乡闻名,长大后名震邦国。往上想担任朝廷最高官职,往下说也不失为一州之长。因而能拥有金银财宝,身佩组绶,享受尊位,被封为诸侯。扬名后世,功比往古。侍奉君王,管理百姓。回到家里则治家求福,养育妻子儿女,占卜以求吉利的宅地,想使福禄代代传下去。远祸近福,永远使自己立于不败之地。这才真正是君子的高尚情趣,古今不变的美好品行。可是现在先生却披头散发独居大海之中,远离那些君子,我担心世人惋惜并非难先生。一个人的行为被世人所讥笑,无法使自己显达,这可以说是一种耻辱了。您身处困境,而且世人都对你行事的做法耻笑,我以为先生您是不对的。”

阮籍像,图出自清·顾沅辑《古圣贤像传略》。

阮籍于是悠然自得地叹了一口气,凭借云霓而回答,说:“你所谈的哪能说得通呢?所谓‘大人’,他与造物者同体,与大地并生,在世上逍遥飘游,与世界的本原合为一体,生死变化,形体不定。天地造成大人先生的内心世界,表现在外面的是自在而明智。天地的永恒和坚固,不是世俗之士所能想到的。我现在就给你讲讲:过去天曾经在下面,地曾经在上面,天地都能翻覆颠倒,不能安固,哪还有什么恒定不变的法度规范呢?天随地动,山丘陷落,河谷突起,云散雷坏,四方和天地失去秩序,你又怎么能择地而行，连走路的快慢都含着音乐的节奏呢？物竞天择，万物终有一死，等到人老死去，身为泥土，一切都消失得无影无踪，你又怎么能修身洁行、谦恭有礼？李牧立功而被害死，伯宗忠谏而断绝了后人，进身仕途追求利益即有杀身之祸，贪求官爵封赏则有灭门之灾，你又怎么能拥有无数金银财宝，侍奉君王、保全妻子儿女呢？你没有看见过裤子之中的虱子吗？它逃进深深的衣缝里，藏在破败的棉絮中，自以为是安全吉利的宅地。行动不敢离开衣缝边。做事不敢走出裤裆，自以为行为合乎法则。饿了就咬人，自以为有无穷无尽的食物。但是在南方炎热之地，热浪像火一样流来，烤焦毁灭了城镇都邑，群虱都逃不出来而死在裤子里。你们这些正人君子处在人世上，与那些虱子处在裤子里有什么区别呢？可悲啊，而你们还自以为远祸近福，永远站立在不败的地方。”

修身如雕石磨玉

东汉时期，王修说：“从古至今神圣英明的帝王，都需要勤奋学习，何况是平民百姓！”显贵人家的子弟，几岁以后，没有不接受教育的。教材多的有《周礼》、《仪礼》、《礼记》、《公羊传》、《谷梁传》和《左传》，少的也有《诗经》和《论语》。等他们到了青年时候，性情稍稍稳定，顺着他们的天资，更须教育诱导。志向高远的人，能够不断地磨炼自己，以成就儒业。没有节操的人，从此懈怠轻忽，也就变成了平庸的人。

人生在世，应当有职业。农民盘算耕种的事；商人议论货币财物的得失；能工巧匠精心制作器具；有才艺的人探索方法技术；武人练习武艺；文人讲议经书。经常可以见到许多文人、士族耻于务农经商、从事公务、劳役以及土木建筑事务。

射箭不能射穿铠甲，写字只能够把自己的姓名写上。酒足饭饱之后，无所事事，就这样虚度年华。有的人世袭先代的官爵得到一官半职，就自我满足起来，把学习的事置之度外。碰到吉凶大事，议论问题，就张口结舌，懵懵懂懂，如坐在云雾中。每逢公家私人宴饮相聚，谈古论诗的时候，毫无雅兴，只好默不作声，呵欠连天。有学问的人在一旁看着，替他们惭愧，恨不得能代他们钻入地下。与其这样丢丑，还不如努力学习几年，以免一生都会受到别的羞辱。

梁朝鼎盛时期，来自显贵人家的子弟，大都没有学问。他们只知打扮，人人都用香料熏衣服，把脸修得光光的，擦粉抹口红。驾着很考究的车子，穿着有齿的木屐，坐着漂亮的坐褥，斜靠着杂色丝做的软枕，左右陈列着赏玩的物品，走起路来态度从容，看上去就像神仙一样。参加明经考试的，雇人来代替自己对答；官家举行宴会，则请人吟诗歌赋。在这个时候，也算是豪爽快活的人。

遇到战乱的年代，朝廷变化迁徙改革，吏部选拔人才的官员，已经不是过去亲密的人；担任重要官职掌握大权的，找不到昔日的同党。从他们身上找不到真才实学，让他们到社会上办事又毫无用处。失去华美的外表而露出拙劣的本质，呆立着像一段枯木，浅薄得像一条快要干涸的河流。在战争中颠沛流离，死后弃尸于沟壑之中，在这个时候，真是一个低劣的人。

而有学问技术的人，就能安身在四方。自从灾荒战乱以来，多遭俘掠，世世代代为平民百姓而知道读《论语》和《孝经》的，还可以当个老师。祖祖辈辈不做官而没有文化的，无不耕田养马。由此看来，怎么可以不努力啊！

有客人责难主人说："我看见有人手执兵器，把罪人诛杀，使百姓安定，从而取得公侯爵位的。有人办理文书说明事宜，熟习吏事，拯救艰危的时势，使国家富强起来，以此取得卿、相之位的。但是有人学问贯通古今，才能兼备文武，却没有官职，老婆孩子跟着饥寒交迫，这样的人更是数不胜数，学问有什么值得重视的？"主人对答说："命运的好坏，就好像金玉木石有优劣一样。学习技艺，就像磨砻金玉、雕刻木石一样。把金玉磨得光亮，比没有磨过的矿、璞要美。没有经过雕刻的木石，比雕刻过的要难看。怎么能说雕刻过的木石，就必定胜过没有磨砻过的矿金璞玉呢？因为它们是不同的物质，不能相比。所以也不能把有才学而贫贱与无才学而富贵两者相比较。何况，披着铠甲当兵，咬着毛笔为吏，身死名灭的多如牛毛，卓然特立的如灵芝草一样罕见。努力读书，歌吟道德，辛苦无益的人像日食一样少见。贪图享乐，追逐名利的人像秋荼一样繁荣茂盛，怎么能相提并论呢？"

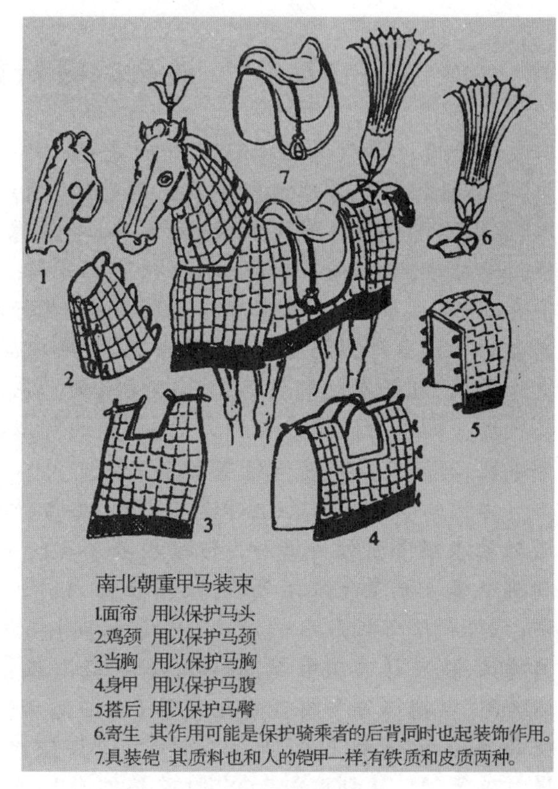

南北朝的重甲马图

学习是为了增长知识，把事理通达。如果有超出众人的天才，做将领则能与孙武、吴起的战术相同；执掌朝政则能与管仲、子产的政教不谋而合，虽然没有读过书，我也说他已经学过了。人们看到自己的邻居和亲戚中有名望地位的人，十分羡慕，让自己的子弟去学他们。不知道向古人学习，这是多么糊涂啊！

现在的人只知道把战马骑上，披上铠甲，手执长矛，自带强弓，就说"我能为将"；而不知道掌握节气、气候、阴晴、寒暑的变化，辨别战略上的有利地形，比较逆顺、通晓兴亡的奥妙。

只知承上接下，把财富聚集，就说"我能为相"；而不知敬奉鬼神，转移风俗，改变习惯，掌握自然规律，发现和选拔人才。

只知不接受贿赂，及时处理公事，就说"我能治理百姓"；而不知为人诚实，作为别人的榜样，治民就像驾驭马车一样得心应手，为百姓消灾免难、变善为恶的方法。

只知死搬法令律条，早上判刑，晚上释放，就说"我能审理案件"；而不知同辕观罪，像汉代的何武一样明辨是非；像北魏时的李崇一样用假话来哄骗被告，使之露出马脚；像晋代的陆云审理奸情案一样不问而使案情大白。

在农夫、工匠、商人、奴仆、渔夫、屠户、牧人中，都有有德行学问而显达的先辈，可以作为学习的榜样。广博地去学习，是很有好处的。

最高的德行如流水

老子曰:“最崇高的德行就如同是水一样。”水善于帮助万物生长而不与万物相争,它总是停留在普通人所不喜欢的地方,所以最接近于“道”。崇尚善的人,进退出入,能像水那样安于卑下低湿;立志存心,能像水那样博大深远;交朋结友,能像水那样仁爱相亲;说话发言,能像水那样诚实守信。崇尚善的人,在为政上,能像水那样有条有理;在办事上,能像水那样无所不能;在行动上,能像水那样伺机而动。正因为崇尚善的人像水那样洒脱超越,与世无争,所以从来都不会有过错。没有什么东西比水更为柔弱,可是在攻陷坚强方面却没有什么东西能够胜水,这方面没有任何东西可以替代水。弱小的能够战胜强大的,柔弱的可以战胜刚强的,普天之下没有人不知道这个道理,可是就是没有人能够照着去做。

古代的时候那些善于行道的高人,生性精微奥妙而且深远通达,其境界之高深普通人无法领悟理解。正因为他的境界不是一般人所能认识到的,所以只能勉强对他加以形容。他事先做到谨慎,就像在冬天时,进入水中过河小心翼翼;他时刻警觉戒惧,就像提防邻国敌人的进攻;他有时恭敬端庄,就像在盛宴上做客那样严肃;他有时潇洒活泼,就像冰消雪融那样亲切和煦;他敦厚质朴,就像未经人为加工的木材;他旷达通脱,就像深谷那样能吞纳包容;他浑然一体,就像未经澄清的混浊之水。谁能够使混浊停止,安静下来,就会慢慢变得澄清;谁能够保持静中有动,变动起来,就会慢慢打破宁静。达到这种“道”的境界的人从不追求人为的圆满。正因为他不追求圆满,所以虽然思想保守,但是却能够不断取得新的成功。

朴实自然是最高的仁义礼智信

百里奚对爵位和俸禄从不放在心上,因而让秦穆公忘记了他的地位低下,把政权交给他。有虞氏从来不把死生放在心上,所以他的行动最能让人感动。爵禄不入于心,死生不入于心,才可能让人感激、感动。

有一些活着的人,生于阴阳混合之气,在天地之间居住,只不过姑且是人罢了,将来还要返归到本宗去。从根本上来观察,所谓生命,就是气聚合而成的东西。虽然有长寿的,有短命的,然而长寿与短命之间差别又能够有多大呢?人的一生只不过是一小会儿罢了。人是“气”的聚合产物,死了,又复归于“气”。从根本角度看,生死寿夭,只能顺应而不必刻意强求。

不把人当外人是最高的礼节,最高的义是不把物当外物,最高的智慧是直率不用计谋,最高的仁是不存偏爱,最高的诚信是不以金钱为信物。最高的仁、义、礼、智、信,就是自然和朴实。

所以,君子观察人,往往把他安排在远处使用,从而观察他是否忠诚;把他留在身旁使用而观察他是否恭敬;交给他做繁杂的事情而观察他的能力;突然向他提出问题而观察他的智慧;急迫地规定完成任务的期限而观察他的信用;委托他管理财政而观察他的廉洁;告诉他处境的危险而观察他的节操;用酒使他喝醉而观察他的仪态;使他男女杂居而观察他对色的态度。通过这几种检验,便可以鉴别出哪些是小人了。

君子从九个方面对人进行考验，即把人安排在各种不同的环境中，故意给他制造一些麻烦和诱惑，用来观察他的品德行为以及智慧和能力。

正考父在被任命为士的时候，恭敬地弯着腰；在任命为大夫的时候，恭谨地低着头；在任命为卿的时候，俯下身子，沿着墙根走路。像正考父这样的人，谁能用不合道理的事情侮辱他呢？而一般的俗人，在任命为士的时候，就自高自大起来；在任命为大夫的时候，就高兴地在车上跳起舞来；在任命为卿的时候，就对长辈直呼其名起来。像这种人，谁会把他们与唐尧、许由相提并论呢？

好品行要靠后天的学习修来

恶是人的本性，而善是后天人为的。

人一生下来就有喜好私利的本性，顺着这种本性，于是人与人之间相互争夺的事就发生了，谦让的事便消失了。人生来就有嫉妒、仇恨的本性，顺着这种本性，于是残害忠良的事发生了，忠诚信用的事便消失了。人生来就有七情六欲，喜好声色的本性，顺着这种本性，就会有淫乱的事发生了，礼仪、等级制度和道德观念也随之消失了。既然这样，放纵人的本性，顺着人的情欲，必然会发生争夺，出现违反名分、破坏社会礼仪秩序的事，从而导致暴乱。所以，一定要有老师和法制的教化、礼仪的引导，才能产生谦让，出现合乎等级制度的礼仪秩序，从而出现社会安定的局面。由此看来，人的本性是恶的已经清楚了，性善，只不过是后天人为培养形成的。

君子只要通过广泛博览地学习，并且每天检查和反省自己，会明白许多道理，从而不会让自己的行动就有所偏差。

志向完美，就对权贵傲视，以道义为重，就藐视王公大臣；内心省察自己、注重思想修养，就觉得外物轻微了。如果你看见了好的品行，一定要认真地省察自己有没有这种好的品行；看见了不好的行为，一定要怀着忧惧的心情反躬自问。自己有了好的品行，一定要坚定不移地加以珍视；自己有了错误，一定要像被玷污了一样感到厌恶。

假如普通人把实行仁义法制作为主要内容来学习，专心一意，认真思考，仔细审察，长此以往，一天天地增进，积累善行而不停止，那么就能达到神明的境界。只要不停地前进，就是跛了脚的甲鱼，也能行走千里；只要不停地堆土，终究会堆成一座大山；把水源堵住了，又挖开沟渠让水流出，即使是深广的长江、黄河，也可能会干涸。

见到好事，立刻去做，遇到疑难，立即去问，不等过夜。对于天下的各种事情不能融会贯通，就不能称作是擅长学习了。

人的资质禀性、知识和能力，君子与小人一样。爱好荣誉、厌恶耻辱；爱好利欲、厌恶祸害，君子与小人也一样。但是，求得荣誉和利欲、避免耻辱和祸害，君子与小人所采用的方法就不一样了。小人拼命做荒诞不经的事，还想要别人相信自己；拼命干欺诈的事，还想要别人亲近自己；行为如同禽兽，还想要别人用善意对待自己；心怀叵测、行动诡诈，所持的观点难以站住脚，结果必然得不到荣誉与利益，也必然遭受耻辱与祸害。至于君子，对别人诚实，也想别人对自己诚实；自己忠厚待人，也想别人亲近自己；品行正直，办事中肯，也想别人用善意对待自己；襟怀坦白，行为安稳，所持的观点易于成立，结果必然得到荣誉和利益，肯定不会遭到耻辱和祸害。

图难于易,为大于细

战国时的韩非说:“顾全大局的人像天一样,没有它不笼罩的,像地无不运载,又像江海浩瀚、山谷高深。”日月朗照,四时运行;德泽云布,四方风动。

不以智慧累心,不以私欲累己。以法律保障社会的太平,以赏罚处理人事的是非。

不违背天理,不伤害性情;不吹毛求小疵,不洗垢求瘢痕。不引绳之外,不推绳之内;不急法之外,不缓法之内。守成理,因自然。祸福生于道法,而不出于个人的爱好与厌恶。

荣辱祸福,在于自己而不在于别人。所以最安宁的社会,就像清晨的露水那样纯洁,人们心里不结怨仇,嘴里不多说话。

天有大道理,人也有大道理。香甜清脆的佳肴,醇厚浓郁的美酒,享受起来太舒服了,但影响身体健康。皮肤细嫩、牙齿洁白的美妙女郎,使人看了就喜欢、着迷,但损害人的精神。所以,要舍弃那些超过人承受能力的行为,就不会伤害身体了。

君主的权力不能刻意显示,而要蕴涵在平和、平静,看起来无所作为的状态中。

事务在四方臣民,中央朝廷是关键,君主静静地等待他们,他们自然会效力。

君主听人谈论,对别人华丽的辩词欣赏,看人的行为,认为迂腐不实用就是贤能。那么,群臣吏民夸夸其谈,行为就会远离社会现实。言说纤细难察,微妙难能,就不是能急于办理的事务。

谈论迂远深奥,博大无涯,就没有什么实际的功用。

良药苦口,聪明的人知道吃了它可以把疾病治好。忠言逆耳,贤明的君主知道采纳它可以建立功业。迂腐的学者不懂得社会治乱的道理,喋喋不休地诉说先古的经验教训,以扰乱当代社会。他们的智慧不足以避免陷阱之难,他们却妄自指责别人。听从他们言论的危险,运用他们计谋的混乱,这也是大愚、大祸。迂腐的学者和有道之士都有贤能之名,实际上却相距很远。将他们进行比较,前者像蚍蜉的小土堆,后者则如同崇山峻岭一样。

想把树叶摇动的人,一片片地去摇,花费了很大的力气也不能使每一片树叶都摇动;左右拍打树上的叶子不就都摇动吗?

善于撒网的人拿着网绳撒网,不拿着一个个网孔然后撒开。如果要拿着一个个网孔再撒开,劳累而难达到目的;拿着网绳撒网,鱼就会尽入网中。有形的、巨大的事物一定起于幼小的事物;经久的、众多的事物一定起于少量的事物。

“天下的难事必须从简单的事情做起,天下的大事必须从小事做起。”图难于易,为大于细。千里之堤,溃于蚁穴;百尺之室,焚于烟囱的缝隙。所以,处理事物要从事物小的地方做起。

富贵者更应树立己身

唐代的柳玭说:“有钱有势的家庭,应该存有戒心而不能有所恃仗而无所恐惧。”要有戒心,就必须树立己身。

如果一件事没有按先辈的教导去做，他的罪过就最大了。虽然活着的时候可以姑且取得名誉、地位，死后怎么到地下去见祖先？不可依靠的是：有钱有势能助长骄傲情绪，家庭繁盛容易被人嫉妒。即使有真才实学和美好的品德，别人也未必相信；只要有一些细小的缺点，大家都会来指责你。所以贵族的后代，必须把自己的品德修养提高，学问一定要扎实。

人生在世，自己无能而指望别人任用你，没有善行而指望他人爱你。当无人用你无人爱你时，就说："我生不逢时，现在不急需人才。"这就像农民不精耕细作，而埋怨天时不好，而又不想饿肚子，怎么能够做得到？

要树立自身，必须以孝顺父母、尊敬兄长为基础，以恭敬为根本，以谨慎为事，以勤俭为绳，要使家庭富起来，凡事必须都要忍让顺从；要想保持交情，必须待人诚实恭敬。多方面的品行都具备了，还要注意是否有不周到的地方。说话谨慎，还担心会失言。广泛学习，还唯恐不够，求取功名，就像是在无意中得来的一样。

把贪鄙与骄奢克服，就会少犯一些错误。做官要清白，精简事务，然后才可以谈执法。执行法令然后才可以谈培养人才。坦率不去接近祸事，廉洁不去沽名钓誉。薪水虽然微薄，但不可以看轻这些民脂民膏；笞罚人的刑具虽然可以用，但不可以任凭狭隘的心胸想怎么做就怎么做。

忧患与幸福不能同时享有，廉洁与富裕不能并存。每见名门大族的子孙，祖先正值当官，以正大光明而出众，不畏强暴，等到衰落的时候，专门好冒犯尊长和上级，除此之外就没有别的才能了。如果祖先为人恭顺，以温顺来保身，避免过错，到衰落的时候，也只是愚昧无知，不知道如何是好，两者相差甚微，不是贤人不能够做到。

自己损害名誉，祸害自己，辱没祖先，败坏家庭，造成这些过失的最主要的原因有五个方面，应当牢牢记在心里。一是自己只求安逸，不愿恬淡寡欲，只要对自己有利，不怕别人说闲话；二是不知道儒家的学术思想，不喜欢古代的学术、政治、道理、方法等，对前人的经书懵懵懂懂而不以为耻，谈论当代的文章而使人笑话，自己知识浅薄，而讨厌人家学问渊博；三是怨恨超过自己的人，喜欢吹捧自己，只喜欢谈笑，不喜欢学习。听到别人的优点就嫉妒，听到别人的缺点就宣扬，长期养成一种邪气，有损德义，这种人白白穿戴着衣冠，与下等人又有什么区别；四是喜欢游玩，嗜好饮酒，以此为高尚的情趣，以勤勤恳恳为庸俗的格调。学会这些容易受到迷惑，一旦觉悟，却难以悔改；五是急于出名做官，亲近居高位有权有势的人，也许会得到一官半职，但往往把众人的愤怒和猜忌招来，很少有能保全者。

这五个方面的病理，比痈疽还要严重。痈疽可以治愈，而这些却是连名医都无法医治的。前世贤人有明白的鉴戒，典籍上也有清楚的记载，近世也有人有失败的教训，不但可以听到，而且还可以亲眼见到。

平常人的人，修饰词句，努力学习，轻率求进，患得患失，随时想施展自己的才能；相信自己的命运不好而后退的人，学业文章却荒废而一无可取。唯有聪明的人善于思考，增长自己的见闻，坚定地进行学习，精通学业，用得着我我就干，用不着我，我就把自己的本事收起来。如果不是这样，怎么能算得上是君子呢？

第二编　观心论道篇

静悠恬淡，观心证道

静中念虑澄澈，见心之真体[①]；闲中气象从容，识心之真机[②]；淡中意趣冲夷[③]，得心之真味。观心证道[④]，无如此三者。

【注释】　①真体：指真正的本体。

②真机：指真正的动机或真正的目的。

③冲夷：祥和恬静。

④证道：指人从万事万物或实践中领悟到了真理，即悟道的意思。

【译文】　人在宁静时，思想清明透彻，最能看清内心世界；人在悠闲时，行为举止大方，最能反映心中的真正动机；人在恬淡时，待人谦逊平和，最能体会纯真的趣味。所谓通过观照心性来领悟真谛，上述三种方法最有效。

【解评】　修行的人喜欢远离世俗干扰的深山老林。这样才易于平心静气，领会天地之道。撇开身外的纷扰，人才能静下心来面对自己，发掘内心深处隐藏的自我。卡夫卡曾在信中这样描述："我最理想的生活方式就是带着纸笔和一盏灯待在一个宽敞的、闭门独户的地窖的最里面的一间里。饭由人送来，放在离我这间最远的、地窖的第一道门后。穿着睡衣，穿过地窖所有的房间去取饭将是我唯一的散步。然后我又回到我的桌旁，深思着细嚼慢咽，紧接着马上又开始写作。那样我将写出什么样的作品啊！我将会从怎样的深处把它挖掘出来啊！"观心证道，莫过于此。

静中寓动，忙处悠闲

天地寂然不动，而气机[①]无一息少停；日月昼夜奔驰，而贞明[②]则万古不易。故君子闲时要有吃紧的心思[③]，忙处要有悠闲的趣味。

【注释】　①气机：指自然界的活动，即天地间有规律的自然机能。

②贞明：指能固守其运行规律而光辉普照，光辉常明。

③心思：念头，脑筋。

【译文】　天地看起来寂静不动，但是其内部却时时刻刻都在变化；日月昼夜运转，而它们中正光明的特性却万古不变。有鉴于此，作为君子就要注意，闲暇的时候不能放纵，应保持一定的紧迫感；而繁忙的时候也不必疲于奔命，应适当寻求一些悠闲情趣。

【解评】　动与静是相对的，动中有静，静中有动，毛泽东说"坐地日行八万里，巡天遥看一千河”。所以我们在享受闲暇时不能完全松懈,要把自己调整到随时应付变化的状态,才能自如地应对突发事件;在问题纷至沓来的时候,忙得晕头转向,只能乱了条理。这时适当地调节一下节奏,忙里偷闲去散个步,反而有可能帮你获得灵感。有张有弛,不仅是处理问题的方式,也是智慧的生活节奏。掌握了有张有弛的节奏,就能紧张但不疲于奔命,悠闲而不无所事事,从而游刃有余地面对生活。

识得真相走

以幻迹言,无论功名富贵,即肢体亦属委形;以真境①言,无论父母兄弟,即万物皆②吾③一体。人能看得破、认得真,才可任天下之负担,亦可脱世间之缰锁④。

【注释】 ①真境:指超出物质外的境界。

②皆:都,全部。

③吾:第一人称,我。

④缰锁:指缰绳和链锁,引申为拘束,约束。

【译文】 从虚幻的角度来看,无论功名富贵,甚至躯体本身也都不过是自然界的一种暂时形态;从真实的角度来看,父母兄弟甚至世上万物都和我浑然一体。为人如能看透一切、识得真相,那么不仅可以肩负治理天下的重任,而且能够不受世俗枷锁的约束。

【解评】 名著《红楼梦》中说“陋室空堂,当年笏满床!衰草枯杨,曾为歌舞场……昨日黄土陇头埋白骨,今宵红绡帐底卧鸳鸯。金满箱,银满箱,转眼乞丐人皆谤。……训有方,保不定日后作强梁;择膏粱,谁承望流落在烟花巷!……”世间的荣华富贵、儿女情长,似乎都只是水中花镜中月,来去空空,有什么真正属于我们?人生在世何必太过执著,平添了一世烦恼?然而若就此消极无为,仍是没有参透生活本质的表现。《老子》曰:“人法地,地法天,天法道,道法自然。”天地万物自有精神一以贯之,生活本身为我们所有,人无法带走结果,但创造了这个过程,这也许才是生命本真的意义。

一念回光,迥然返照

一灯萤然①,万籁无声,此吾人初入宴寂②时也;晓梦初醒,群动未起,此吾人初出混沌③处也。乘此而一念回光迥然返照,始知耳目口鼻皆桎梏④,情欲嗜好悉机械矣。

【注释】 ①萤然:指灯光微弱。

②宴寂:沉静、安静。

③混沌:古代指天地没有形成之前的元气状态。

④桎梏:枷锁,形容受束缚的样子。

【译文】 在微弱的灯光下，四周一片寂静，正是人们身心刚要进入休息的大好时机；清晨刚从睡梦中醒来，周围没有一点喧闹的声响，这时人们逐渐摆脱昏沉状态。如果借此时的灵光，进行自身反思，就会发现耳目口鼻等器官都是束缚心智的枷锁，而情感欲望都是人的性灵堕落的圈套。

【解评】 在寂静里独处，是最适合返回内心的时刻。喧嚣的白日里忙着周旋应付，要以不同的面孔对待不同的人，以不同的言语应对不同的事，每个人都只是个躯壳而已。而在夜深人静晓梦初醒之时，万籁俱静，这时候，人才是一个真正的自然人，不需要任何伪饰，只以最本真的面目面对自我，发掘自我内心深处的真实。这时候反思自己白日的所作所为，再与此时此刻的月色清风关照，就能明白为了许多身外之物，如功名，如钱财，我们自己给自己套上了镣铐，让欲望控制了我们自己，在虚荣享受中逐渐堕落，远离了自我的灵性，亦远离了天地之道。

逆来顺受，居安思危

天之机缄[①]不测，抑而伸，伸而抑，皆是播弄[②]英雄，颠倒豪杰处。君子只是逆来顺受，居安思危，天亦无所施其伎俩矣。

【注释】 ①机缄：指推动事物发展变化的力量，即玄机、机理。

②播弄：摆弄、摆布。

【译文】 大自然的运行神秘莫测，时而压抑，时而高扬，总是在不时地阻碍、捉弄英雄人物，使多少豪杰仰天长叹。所以君子应该一切听其自然，在安逸时要预防以后发生的危险，这样上天也就难以施展它的权术。

【解评】 人生有很多不如意的事，远在你我能把握的之外。很多人遇到挫折只会怨天尤人，认为自己是全世界最倒霉的人。但若是转念一想，也许是命运加给你的考验，所谓"天将降大任"，为的是磨炼你的意志增加你的才能。人生的际遇我们无法选择，但是我们可以随时做好准备。不要沉醉于眼前的成就，把眼光放远，得荣思辱，居安思危。同时，也要对自己和生活充满信心，即使是"屋漏偏逢连阴雨，船迟又遇打头风"，也应坚信"冬天来了，春天还会遥远吗？"四季尚有轮回，人生亦是如此，兵来将挡，水来土掩，随遇而安。我们不能被残酷的命运轻易折服。

动静适宜，道之心体

好动者云电风灯[①]，嗜寂者死灰槁木[②]。须定云止水中有鸢飞鱼跃气象，才是有道的心体[③]。

【注释】 ①云电风灯：云中的闪电，风中的残灯，形容短暂且不稳定。

②死灰槁木：熄灭的灰烬，槁死的树木，比喻失去了生机的事物。

③心体：思想，古代以心作为思想的主体。

【译文】 好动者的心思犹如倏忽即逝的雷电、迎风摇曳的灯火；好静者的心思像熄灭的灰烬、枯死的树木。而做人应该动静得宜，动则像在缓慢浮动白云下的飞鹰，静则像在池塘水面下的游鱼，如果做到了动静适宜就可以进入体悟大道的境界。

【解评】 "人心不同，各如其面。"人的性格千差万别，但大体来说不外乎动静两种。好动的人大多热情开朗，心直口快，精力充沛，有激情，但也因此会过于冲动，而欠冷静；做事情靠热情，一旦没有热情就会半途而废；性格沉静的人比较内向，想得多说得少，头脑冷静，做事情之前会充分调查周密计划，却容易流于"述而不作"，有时候也因为想得太多太透彻而悲观失望，以致失去动力和激情。我们应当自觉地调整自己的心态，努力发展完整的人格，中和动静两种性格的优缺点，扬长避短，能够以不同的状态应付不同的状况，做到"静如处子，动若脱兔"，也算是到达了悟道的境界。

顺其自然，脱俗入圣

放得功名富贵之心下，便可脱凡[1]；放得道德仁义[2]之心下，才可入圣[3]。

【注释】 ①脱凡：不沾染庸俗之气，摆脱了尘俗杂念。

②仁义：仁爱和正义。

③入圣：指进入高超玄妙的境界。

【译文】 只有放得下追求功名富贵之心，才能超凡脱俗；只有能接受仁义道德之心，才能成为圣人。

【解评】 谁都希望自己的生活能够过得安逸舒适，追求的途径不外乎功名富贵，但没有看到在这个过程中自己会被套上种种枷锁，古语有云："形为物役。"当你刻意去追求功名富贵的时候，就会逐渐迷失在感官之中，失去了自由。人的欲望是无穷的，如果沉溺于其中就无法自拔，满足了一个欲望还会有下一个，在不停追逐的过程中，你可能已经丧失了自我。追求道德修养比起追求功名富贵似乎高尚许多，其实某种程度上它们是有相通之处的。你既然要追求道德仁义，自然会注意自己的一举一动都要符合道德的标准，这也是一种桎梏。为了某种目的而做，就脱离了这行为本身的意义。按照老庄传统，人生的最高境界是逍遥，逍遥即顺其自然无所悖。

盈满勿溢，危急不险

居盈满者[1]，如水之将溢未溢，切忌再加一滴；处危急者[2]，如木之将折未折，切忌再加一搦[3]。

【注释】 ①居盈满者：指做任何事情都没有碰壁，一切都很顺利的人。盈满，充满，形容骄傲自满的人。

②处危急者：指处于险境的人。

③搦：持；握；拿着。

【译文】 诸事顺利的人，其所处的状态就像将水装满而尚未溢出时，这时千万不要再加上一滴，多加一滴水就会溢出来，处境危险的人，就像即将折断而尚未折断的树枝，这时千万不要再去推动一下，不然它会折断。

【解评】 有个小和尚已经学了三年徒了，却觉得什么也没学到，于是就想另投师门。临行前，师父让他在一个杯子里装满鹅卵石，问他："满了吗？"小和尚说："满了。"师父拿来细石子撒进去，再问他："满了吗？"小和尚回答说："满了。"师父又捧了一捧沙子撒进去，又问："满了吗？"答："满了。"师父再拿一杯水倒进去……小和尚顿悟了。而世间有多少人不能明白这个道理，在一开始就装了满满一杯水，哪怕再多一滴都会溢出来，那还能再加进什么呢？凡事都不能过于贪婪，越是贪婪的人最后越是后悔，口袋里再也不能多装一块金币，而随意采撷的人则觉得处处有收获。

以我转物，逍遥之境

以我转物者[①]，得固不喜，失亦不忧，大地尽逍遥之境；以物役我者，逆固生憎[②]，顺亦生爱，一毫皆缠缚[③]之端。

【注释】 ①以我转物者：即指用人来支配万物。

②憎：憎恶，怨恨。

③缠缚：缠绕，束缚。

【译文】 以人来支配万物，得到了没有欢喜，失去了也不用悲伤。因为无穷的世界到处都有用武之地；由物来支配人，如不能满足便会怨恨，而物质优裕又往往沉湎其中，这样就会束缚住人的天性。

【解评】 塞翁走失了一匹马，别人来安慰他，他却一点不难过，说："怎么知道不是好事？"后来马跑回来了，还带回一匹野生的骏马，别人都来道贺，他却并没有欢喜，说："怎么知道不是坏事？"后来他儿子骑野马，把腿给摔断了，别人又来安慰他，塞翁又说未必是坏事。果然，很快战争爆发，成年男子全都去服役，多数战死，只有他儿子因为腿瘸才得以幸免。像塞翁这样，可以称得上能以我转物，"得固不喜，失亦不忧"的境界。以物役我的人，赌棍尤为典型。赢一把就欢喜雀跃，输一把就悔恨焦急，哪怕把家产都输光了，还琢磨着借钱翻本，真可谓"一毫皆缠缚之端"。

嗜欲乃天机，尘情即理境

无风月[①]花柳[②]，不成造化；无情欲嗜好，不成心体。只以我转物，不以物役我，则嗜欲莫非天机，尘情即是理境[③]矣。

【注释】 ①风月：清风明月，指景象美好的样子。

②花柳：花与柳，指繁华玩乐的地方。

③理境：顺理成章的境界，这里指理想。

【译文】 缺少风明花柳，自然界就显得没有生机；如果没有欲望嗜好，就不是身心健全的人。只由人来支配万物，而不会被物欲来控制人心，那么欲望嗜好就都会顺应天性而发，世间俗念就会很理想。

【解评】 大自然之所以五彩缤纷、充满生机，就是因为它包揽了天地万物。人们都形容春天鸟语花香，桃红柳绿，那么试想，如果没有鸟语花香这个世界将是多么单调、多么寂寞，一个人也应该是完整的人，不宜有所偏废。即要有超越世俗的理想，也要有发现生活的情趣，否则要么一味地清高，孤芳自赏；要么陷进欲望的泥沼，从此不得翻身。只要能把握自我，坚持理想的情操，不为欲望所迷惑，就既可以有欣赏生活的情趣，同时也不会在世俗中迷失自己的本性。

真空不空，在世出世

真空[①]不空，执[②]相非真，破相亦非真，问世尊如何发付？在世出世，徇欲[③]是苦，绝欲亦是苦，听吾侪善自修持[④]。

【注释】 ①真空：指把世上的一切看成空的，即已超出了一切色相意识的境界。

②执：拿着、握着的意思。

③徇欲：追求物欲。

④修持：指执戒修行的意思。

【译文】 看透一切而不能够超越意识，只把握住外部形象并不能看清事物的本来面目，而不执著于事物的外部形象也不能看清事物的本来面目，请问世尊如何进行解释？人生在世要能够超脱物外，追求物欲是一种痛苦，根绝物欲也是一种痛苦，如何应付这些痛苦就要靠个人的修行。

【解评】 佛经里曾这样说：“凡所有相，皆是虚妄。”相不可执，正如《金刚经》所云：“一切有为法，如梦幻泡影，如露亦如电，当作如是观。”破相为空，而真空不空；不空为有，而妙有非有。此中奥妙，正是参禅悟道的玄机。人生在世，不会没有欲望，然而欲海即是苦海，若沉沦于欲海中，则终究是在苦海沉浮，不是解脱之途。不徇欲则绝欲，如古人所说的“不见可欲”，但不见可欲并不代表无欲，而且人世之间又有何处不见可欲？人的欲求，也是出于天性，绝欲只是除标不除本的办法。只有靠善加维持自我的身心经过一点一滴的积累才能达到真正不受欲望束缚的境界。

经卷扉画，即在经卷之首页刻印的一幅有关佛经的绘画，图出自《妙法莲华经》。

缠脱只在自心，心了即是净土

缠脱[①]只在自心，心了则屠肆[②]糟廛[③]，居然净土。不然，纵一琴一鹤，一花一卉，嗜好虽清，魔障终在。语云："能休尘境为真境，未了僧家是俗家[④]。"信夫！

【注释】 ①缠脱：即扔掉烦恼，解脱烦恼。脱，脱离，解脱。

②肆：店铺。

③廛：古时指一户平民所住的房子。

④俗家：指世俗之人。

【译文】 摆脱烦恼首先要控制自己的意志，只要内心清静，即使身处屠宰场或杂货店中也会觉得那里是净土一片。否则，纵然与琴鹤结伴，与花卉结缘也没有益处，因为这些爱好虽然高雅，但是心中却无法安宁。正如"内心清静尘世也为圣洁之地，心存杂念出家亦难摆脱烦恼"。

【解评】 传说有个名叫黑指的婆罗门来到佛陀面前，运用神通，化出两个花瓶，拿着献给佛陀。佛陀说："放下！"于是婆罗门把右手的花瓶放下。佛陀又说："放下！"婆罗门又把左手的花瓶放下。佛陀还说："放下！"婆罗门说："我已两手空空，还怎么放下？"佛陀说："我没有叫你放下花瓶，我让你放下的，是你的六根、六尘和六识。"婆罗门才醒悟原来佛陀是在点化他，于是欣然领受。把东西从手上放下很容易，但要从心里放下，就很难了。做和尚把头发剃掉很容易，但真正做到尘心不起的，又能有几个？最重要的是内心清静，否则平日的生活再清静，也是白搭。

有心栽花花不开，无意插柳柳成荫

贞士[①]无心徼福，天即就无心处牖[②]其衷；险人[③]著意避祸，天即就著意中夺其魄[④]。可见天之机权最神，人之智[⑤]巧何益！

【注释】 ①贞士：指作风正派、操守方正、意志坚定的人。

②牖：诱导、启发。

③险人：指丧失道德、奸佞邪恶的小人。

④魄：依附形体而存在的精神。

⑤智：智慧。

【译文】 正直的人从不想着福气降临，上天却要在意想不到时特意赐福给他福气；小人挖空心思避免灾祸，上天却要在他百般防范中加以惩罚。可见上天的威力之大，而人的智慧又有什么用呢！

【解评】 人生随处可见"有心栽花花不开，无意插柳柳成荫"的风景，有的人处心积虑想加薪升职，却因投机取巧而无法博得上司的青睐；有的人专心埋头于本职工作，为公司创造了利益而被提升。前者真是踏破铁鞋无觅处，后者可谓得来全不费工夫。其实“插柳成荫”的人并非“全不费工夫”,他们在自己的位置上尽了自己的本分——“天道酬勤”——他们得到的正是他们付出的心血的嘉奖。而“有心栽花”的人却不把精力放到正事上,他们不是想着怎么通过自己的劳动付出获得自己想要的东西,而整天算计如何走歪门邪道可以不劳而获,这样的人自然会受到上天的惩罚。

俗眼观纷纷异,道眼观种种常

天地中万物,人伦中万情,世界中万事。以俗眼①观,纷纷各异;以道眼②观,种种是常。何烦分别,何庸③取舍。

【注释】 ①俗眼:世俗的眼光。

②道眼:指能辨别真假、洞察一切的眼睛。

③庸:难道,岂。

【译文】 天地间的万物,人间的复杂情感,世界上的所有事情。用世俗的眼光去看,会使人感觉到变幻不定;当用超凡脱俗的眼光去看时,却发现它们在本质上并没有变化。可见无论是何人何物,都应该平等对待,不应该划分而加以取舍。

【解评】 庄子的妻子去世了,惠施前去凭吊,却看见庄子正在地上张腿而坐,敲着盆子唱歌。惠施责怪他说,你不哭也就罢了,还敲盆唱歌,太过分了吧?庄子回答说:“不是的。她刚死时,我也很伤心。后来发现她没生时,也没活着;非但不活,连形体也没有;非但没有形体,连气都没有。在一片混沌中,变化而有气,气变化而有形,形变化而有生命。如今又变化而死,犹如四季轮回。我开始也像普通人一样哭,后来发现这样真是不通天命,所以就不哭了。”在普通人看来,生死之间,变化至大;而在庄子眼里,不过是自然规律的自然演化而已。

心体如天,道法自然

心体便是天体。一念之喜,景星①庆云②;一念之怒,震雷暴雨;一念之慈③,和风甘露;一念之严,烈日秋霜。何者所感,只要随起随灭,廓然无碍,便与太虚④同体。

【注释】 ①景星:古人认为是一种代表吉祥的星星。

②庆云:古人认为是一种代表祥瑞的彩云。

③慈:慈爱。

④太虚:宇宙、天空。

【译文】 人的内心世界好比是大自然。高兴时,就像星光闪烁、彩云缭绕;心情不好时,就像惊雷阵阵、狂风暴雨;心中闪过慈爱的念头时,就像和煦春风带来雨露,滋养万物;心中萌生冷酷的念头时,就像夏日骄阳、秋季严霜。无论是哪种情绪,只要有生有灭,不要聚积于心,便会和那辽阔的天穹融为一体。

【解评】 中国古代文化中有一种朴素的整体观,儒家追求的“天人合一”思想也是一种朴素的整体观。人与自然与宇宙之间有一种本质上的联系，从某种程度上说是相通的，这也就是古代知识分子苦苦追寻的"道"。人就是宇宙的缩影，自然中的气候变迁同人的情绪变化亦有相同之处。喜怒哀乐都是自然的情绪流露，就像自然界中会有和煦的春风，也会有肆虐的狂风暴雨。但是自然里的风起云涌转瞬即过，人的情绪起落也应顺其自然，若是执著于某些心念，就是滞塞了心灵。君子应当如水，随圆就方，则无处不自在。

知成之必败，知生之必死

知成[①]之必败，则求成之心不必太坚[②]；知生之必死，则保生[③]之道不必过劳。

【注释】 ①知：知道，懂得。

②坚：坚强，强烈。

③保生：养生，即保养生命，延年益寿的意思。

【译文】 如果知道事情有成功就会有失败的道理，那么就不必要有太强烈的追求成功的心愿，如果知道世间万物有生必有死的道理，那么对自己的养生保健就没有必要花费太多的心思。

【解评】 人有追求固然是好的，但如果一味想着将来如何如何更完美，而放弃当下的幸福，放弃平凡生活的真趣，那他最终就会什么也把握不住。因为将来是个未知数，最终是一场空。秦始皇灭掉六国，一统宇内，号称"始皇帝"，以为可以"二世三世至于万世，传之无穷"，结果秦朝只传了二世，短短15年就结束了。秦始皇掌握了至高无上的权力，就开始向往永生，派人寻找传说中的蓬莱三岛，还派徐福带童男童女渡海，希望能碰到神仙。结果大限一到，仍不免一死。死后修建巨大的陵墓，但若干年后，不过剩一堆白骨，占得三尺之地而已。

秦始皇像，图出自明万历刻本《三才图会》。

参破生死，超然物外

试思[①]未生之前，有何象貌[②]？又思既死之后，作何情形[③]？则万念灰冷，一性寂然，自可超物外[④]，游象先矣。

【注释】 ①思:思考,想。

②象貌:模样,容貌。

③作何情形:又是什么情况呢?情形,状况,情况。

④物外:世外,即超凡脱俗的意思。

【译文】 如果试着想想人在出生前,长得什么模样呢?再去想人死后,又是什么状况呢?这样一来就会心灰意冷,内心清静。这样自然就能超凡脱俗,而成为无拘无束的人。

【解评】 人生之事,莫大于生死。王羲之在《兰亭集序》里写道:"古人云:死生亦大矣。岂不痛哉!"有生才会有死,有死则知我终有归于空无的一天。佛教把生、老、病、死看作人生的痛苦,而老、病不过是死的前奏而已。释迦牟尼在菩提树下思考人生这些痛苦,苦思冥想了七天七夜,终于彻悟成佛。可见生老病死这些问题,正是启人脱悟的门径。一旦参破死生,尘世间其他种种,就都可以看轻看淡,不会成为自己的枷锁了。

肃杀之气,生意存焉

草木才零落,便留萌蘖于根苗;时序虽凝寒,终回阳气于灰管[①]。肃杀[②]之气,生意存焉,即是可以见天地之心。

【注释】 ①灰管:为古代测定气候变化的器具。用芦苇内膜烧至成灰放在律管中,哪一节候到时,某律管中的灰就飞出,因此证明该节候已到。

②肃杀:指秋冬天气寒冷,草木枯落。

【译文】 当草木凋零时,根部便会孕育着新芽;尽管冬季冰天雪地,但春天终有一天会到来。在一片萧条的景象中,实际上孕育着勃勃生机,由此可见自然天地的胸怀。

【解评】 冬天大地一片萧条死寂,其实在冰雪的下面却生机盎然,枯草正悄悄返青,幼虫也渐渐孵化。很多人都畏惧冬季的严寒会消灭一切生命的痕迹,其实,冰雪之中隐藏着自然的良苦用心。任何事物都要一张一弛,方能持久发展,春天正是靠着冬季积累的能量才能繁荣灿烂。在社会中也如此,有些人总是表现得很严厉,甚至冷酷无情,但仔细一想,他们严厉的面孔下是爱护的热心。比如老师对待调皮的学生,家长教育自己的孩子……有句话不是说:"良药苦口利于病,忠言逆耳利于行。"自然的严寒是为了下一个季节积蓄力量,严厉的面孔是为了使他爱护的人奋发上进。

心惬引入苦,心拂换得乐

世人以心惬[①]处为乐,却被乐心引入苦处;达士以心拂[②]处为乐,终[③]由苦心换得乐来。

【注释】 ①心惬：满足。惬，满足，快意。

②心拂：遭遇横逆，心里不顺。

③终：最终，最后。

【译文】 世人都把满足自己的欲望当作快乐，却为这种欲望引诱到了痛苦的深渊；通达之人却把艰苦奋斗当作快乐，最终以自己的劳动换来真正的快乐。

【解评】 人类拥有各种各样的欲望，从某种程度上来讲，人的欲望是人类得以进步的动力。因为不断地要去追求欲望的满足，人类也才不断地发展进步。但是，不能只用物质欲望来衡量幸福与否。哲学家叔本华说过："人生而痛苦，因为人一个欲望满足后又会产生新的欲望，于是你将处于许多欲望不能满足所带来的痛苦之中。"物质的欲望只是人类生存发展最简单的欲望，物欲的满足是无穷的，如果陷入了无尽地追求物欲的泥沼，就偏离了人生的意义。人生的快乐与幸福在于超越物欲，而非被物欲拘囿。孔子最喜欢的学生颜渊，"一箪食，一瓢饮，居陋巷，人不堪其忧，回也不改其乐"。无怪连孔子也连连感叹，"贤哉回也！""贤哉回也！"颜回的快乐就在他对自己精神追求的信仰上。

乐天知命，随遇而安

释氏之随缘，吾儒之素位，四字是渡海的浮囊[①]。盖世路茫茫，一念求全，则万绪纷起。惟随遇而安[②]，斯无入而不自得矣。

【注释】 ①浮囊：法宝。

②随遇而安：能适应各种环境，在任何环境中都能满足。

【译文】 佛家主张随缘，也就是根据情况来决定行为，儒家主张素位，也就是安分守己而不作妄想。随缘素位这四个字是处世之法宝。因为在漫长的人生道路上，如果凡事都想十全十美，结果只能惹来很多麻烦。只有随遇而安，顺其自然才能感到快乐。

【解评】 人们经常抱怨人生不如意的事太多。其实很少有人会觉得自己一帆风顺，相对于广阔神秘的世界，人的力量微乎其微，而欲望永无止境。一个人的能力总是有限的，超过了这个限度，就会感到力不从心，同时也感到压力陡然增加了数倍，心理学上称之为"高山病"，瑞士心理学家和精神分析医师、分析心理学派的创立者荣格在其著作中多次论述这个问题。当一个人出现这种反应时，即是他能力达到极限的时候，若强要超越就会出现心理问题。所以很多事情不要强求，量力而行即可。"不骄富满谦恭守，无谗贫穷乐若仙。"每种人生状态都有它的美丽之处，随遇而安，则人生处处是美景。

【解悟】

道要常悟，学贵有恒

不退之轮，就是佛经里所说的法轮，如来说法时，经常运用佛法摧毁众生的执迷

方便品扉画，出自《妙法莲华经》，描绘了释迦牟尼讲经说法的场景。

邪恶，使众生恍然大悟之后转成正果，这种道理很像车轮压过的地方一切邪见都被摧毁。有时也叫"不退转轮"。"不退之轮"，是说进德修业的心永不停止。

从求学问道的角度来看，做学问的方法是多种多样的，但集中起来说却又离不开"有恒"二字，若要持恒，就必然要长时间学习，就要处理好读书和做事的关系。能否完成并做到持恒的关键在于你是否善于挤时间学习。

康熙帝十分好学，他的御书房里，摆满了各种古今书籍，其中有不少还是他亲自主编的，如《数理精蕴》、《康熙字典》、《律旨正义》等。正如他在《庭训格言》所言："朕自幼好看书，今虽年高，犹手不释卷。诚天下事繁，日有万机，为君一身处九重之内，所知岂能尽乎！时常看书，知古人事，靡可以寡过。"他读书的目的不是为了附庸风雅，炫耀知识，而是"于典谟训诰之中，体会古帝王孜孜求治之意，即欲使古昔治化，实现于今"。身为一国之君，为求治国之道，使自己少犯过错，常以古今义理自悦，数十年如一日，不知疲倦。

三藩叛乱期间，康熙军政事务十分繁忙，以致最后累得生病吐血。养病期间，他仍是手不释卷。辅导他学习的大臣们都劝他休息，康熙坚决不同意，反驳道："读书就得吃苦。这是一种花苦功的事。只有工夫不断，学习方能长进。如果停学多日，必将荒废学业，前功尽弃。军务虽忙，总有空闲，可以挤时间进讲。"

在战争年代尚且如此，在和平时期更是孜孜不倦，惜时如金。公元 1864 年(康熙二十三年)，他到南方巡视，船泊南京燕子矶，当时，已是夜深人静，万籁俱寂。三更过后，康熙座船上依然灯火通明，此时他还在与高士奇兴致勃勃地谈经论文呢！高士奇怕皇上劳累过度，要起身告辞，康熙却笑了笑说："这个问题今天不弄明白，我也睡不着呀。我从五岁读书，习惯晚睡。读书可以陶冶人的性情，增长知识，其乐无穷，就是稍有倦意，也被赶跑了。"巡视期间，不论是官员还是老百姓，只要有学问，他都愿意与他们一起研讨，并因此而发现了不少人才。

康熙的读书兴趣非常广泛，除经、史、子、集外，天文、地理、历法、数学、军事、美术无不涉及。如他主持编纂的《数理精蕴》就是在天文和数学方面，保持我国传统成果、吸收西洋精华的一本高水平学术著作。

康熙是我国历史上一位功业卓著的政治家，文韬武略，运筹帷幄。在统一祖国，发展生产，加强民族团结和抗击沙俄侵略中作出过重大贡献。他开创了中国历史上又一个昌盛的时代——"康乾之治"。他的勤奋好学，持之以恒，不仅给了他文治武功的能力，而且陶冶了他的情操。

道无所不在

战国时期的庄子认为：道无所不在，种种情态都有大智广博，小智精细；大言气焰凌人，小言则论辩不休。他们睡觉的时候精神交错，醒来的时候形体不宁，和外界交接相应，整天钩心斗角。有的出言迟缓，有的高深莫测，有的用词严谨缜密。小的惧怕惴惴不安，大的惊恐失魂落魄。他们发言就像放出的利箭一般，专门窥伺别人的是非来攻击；不发言就像咒过誓一样，默默不语地等待制胜的机会；他们的衰败如同秋冬景物凋零，这说明他们日益销毁；他们沉溺于所作所为当中，无法使他们恢复到原来的情状；他们心灵闭塞好像被绳索缚住，这说明他们衰老颓败，没法使他们恢复生气。他们喜怒无常，他们躁动轻浮、奢华放纵、情张欲狂、造姿作态，好像乐声从中空的乐管中发出，又像菌类由地气蒸腾而成。这种种情态日夜在心中交侵不已，但不知道它们是怎样发生的。算了吧！算了吧！一旦晓悟到这些情态发生的道理，就可以明白这些情态所以发生的根由了吧！

种种情态和我息息相关，密不可分。我和它是近似的，然而不知道这一切是受什么所驱使的。仿佛有“真宰”，却又寻不到它的端倪。可从它的作用上得到信验，显然看不见它的形体，但它却是真实地存在着。

庄周像。庄周即庄子，战国时期道家学派的代表人物。

众多的骨节，眼耳口鼻等九个孔窍和心肺肝肾等六脏，全部齐备地存在于我的身上，我和它们哪一部分最为亲近呢？你对它们都是同样的喜欢吗，还是对其中某一部分有所偏爱呢？这样，每一部分都只会成为臣妾似的仆属吗？难道臣妾似的仆属就不足以相互支配了吗，还是轮流做君臣呢？难道又果真有什么“真君”存在着？无论求得真君的真实情况与否，那都不会对它的真实存在有什么增益和损害。

人一旦禀受成形体，不参与变化而等待形体耗尽，和外物接触便互相摩擦，驰骋追逐于其中，而不能止步，这是很可怕的悲剧，终身承受役使却看不到自己的成功，一辈子困顿疲劳却不知道自己的归宿，这能不悲哀吗？人的形体逐渐枯竭衰老，而人的精神又困缚于其中随之销毁，这能不算是莫大的悲哀吗？人生在世，本来就像这样迷昧无知吗？难道只有我才这么迷昧无知吗？

如果依据自己的成见作为判断的标准，那么谁没有一个标准呢？何必一定要了解自然变化之理的智者才有呢？就是愚人也是有的。如果说还没有成见就已经存有是非，那就好比“今天到越国去而昨天就已经到了”。这种说法是无中生有。如果要把没有看成有，就是神明的大禹，尚且无法理解，我又有什么办法呢？

善辩的人议论纷纷，他们所说的话也不曾有定论。果真算是发了言吗，还是等于不曾说过什么呢？他们都认为自己的发言不同于小鸟的叫声，真有区别，还是没有区别呢？

大道是怎样隐蔽起来而有了真伪之分的？言论是怎样隐蔽起来而有了是与非的？大道怎么会出现而又不复存在呢？言论又怎么存在而又不被认可？原来大道是被小的成就隐蔽了，言论是被浮华的辞藻隐蔽了。所以才有儒家和墨家的是非之争辩，肯定对方所否定的东西而否定对方所肯定的东西。若要肯定对方所否定的东西而非难对方所肯定的东西，那么不如用明的心境去观察事物本身的情形而求得明鉴。

万事万物都有与它自身对立的那一面，也没有不存在它自身对立的这一面。从事物相对立的那一面看便看不见这一面，从事物相对立的这一面看就能有所认识和了解。所以事物的对立的两个方面是相互并存、相互依赖的。虽然这样，但是任何事物随起就随灭，随灭就随起；刚肯定就转向否定，刚否定就又转向肯定；有因而认为非的就有因而认为是的。所以圣人不走划分是非这条道路，而是观察比照事物的本身，也就是顺着事物自身的道理。

事物的这一面也就是事物的那一面，事物的那一面也就是事物的这一面，事物的那一面有它的是与非，事物的这一面同样也有它的是与非。事物果真有彼此的分别吗？果真没有彼此的分别吗？彼此不相对峙，就是道的枢纽。抓住了道的枢纽，也就抓住了事物的要害，以顺应事物无穷无尽的变化。“是”的变化是没有穷尽的，“非”的变化也是没有穷尽的。所以说不如用明静的心境去观照事物的实况。

以大拇指来说明大拇指不是手指，不如以非大拇指来说明大拇指不是手指；以白马来说明白马不是马，不如以非白马来说明白马不是马。

事实上，从事理相同的观点来看天地就是“一指”，万物就是“一马”。

道路是人走出来的，名称是人叫出来的。可有它可的原因，不可有它不可的原因；是有它是的原因，不是有它不是的原因。为什么是？自有它是的道理。为什么不是？自有它不是的道理。为什么可？自有它可的道理。为什么不可？自有它不可的道理。一切事物本来有它是和不是的地方。没有什么东西不是，没有什么东西不可。所以小的草茎和大的庭柱，丑陋的女人和美貌的西施，以及一切千奇百怪的事情，从道的观点看它们都是可以相通为一的。万事有所分，必有所成；有所成，必有所毁。所以一切事物从通体来看就没有完成和毁坏的区别，都复归于一个整体。

只有通达的人才能了解这个通而为一的道理，因此，他不用固执己见而寓于各物的功分上；这就是因应自然的道理。顺着自然的路径行走而不知道它的所以然，这就叫做“道”。

耗费心神去求得事物的一致，而不知事物本身就具有同一的性状和特点，这就是所说的“朝三”。什么叫做“朝三”？养猴的人给猴子吃小栗时说：“早上给你们三升，晚上给你们四升。”这群被养的猴子听了都非常生气。养猴的人又说：“那么早上给你们四升，而晚上给你们三升。”这群猴子听了都高兴起来。名和实都未改变，然而猴子的喜怒却因各为所用有了变化，这也是顺着猴子主观的心理作用的结果吧！所以圣人把是与非混同起来，悠然自得地生活在自然而又均衡的境界里，这就叫做物与我各得其所、自行发展。

古人的智慧达到了最高的境界。何以达到最高的境界呢？有的人认为，宇宙初始未曾形成什么具体的事物。这种认识是十分了不起的。次一等的人，认为宇宙之始是存在着事物，但是不曾有严格的区分和界域。再次一等的人，认为事物虽有分界，但不曾有过是与非的不同。是与非的显现，道就有了亏损。道的亏损，私爱也就随之而形成。果真有形成与亏损吗？果真没有形成与亏损吗？有形成与亏损，则昭文弹琴。没有形成与亏损，则昭文不弹琴。昭文善于弹琴，师旷精于乐律，惠施乐于靠着梧桐树高谈阔论，他们三个人的技艺，几乎都算得上是登峰造极的了，所以载誉于晚年。正因为他们各有所好，以炫异于别人；他们各以所好，而想显现于他人。不是别人所非了解不可的而勉强要人了解，因此终身迷于“坚白论”的褊狭一隅。而昭文的儿子又终身从事昭文的琴业，终身没有什么成就。像这样子可以说有成就吗？那么虽然我们没有成就，也可算有成就了。如果这样不能算有成就，那么人与我都谈不上有什么成就。所以迷乱世人的炫耀，乃是圣人所要摒弃的。所以无用均寄托于有用之中，这才是因事物的本然观察事物，而求得真知。

现在暂且在这里说一番话，不知道这些话和其他人的言论是否相同，无论是同类与不同类，既然发了言都算是一类了，那么和其他的言论便没有什么分别了。

既然如此，那么请容许我说说：宇宙有一个开始，有一个未曾开始的开始，还有它未曾开始的未曾开始的开始。宇宙之初的形态有它的“有”，有它的“无”，还有个未曾有无的“有”，同样也有那未曾有无的“无”。忽然间发生了“有”和“无”，却不知道“有”与“无”谁是真正的“有”、谁是真正的“无”。现在我已经说了这些话，但不知道我果真说了呢，还是没有说。

天下没有什么比秋毫的末端更大的东西，而泰山却是小的；没有比夭折的孩子更长寿的人，而彭祖却是短命的。天地和我共生，万物和我为一体。既然合为一体，还需要言论吗？既然已经称作一体，还能说没有言论吗？客观存在的一体加上我的议论就成了“二”。“二”再加上“一”就成了“三”，这样继续往下算，就是最精明的计算也不可能得出最后的数字，何况普通人呢？从无到有已经生出三个名称了，何况从有到有呢？没有必要再往前计算了，还是顺应事物的本原吧！

道不曾有过界线，语言也不曾有过定说，为了争一个“是”字而划出许多的界限，如有左、有右、有伦序、有等差、有分别、有辩论、有争持，这是界限的八种表现。天地以外的事，圣人是存而不论的；天地以内的事，圣人只是研究而不评说。至于古代历史上善于治理社会的前代君王们的记载，圣人只评说而不争辩。天下事理有分别，就有不分别；有辩论，就有不辩论。这是如何讲呢？圣人把事物都囊括于胸、容藏于己，而一般的人则争辩不休，夸耀于外，所以说，凡事争辩，总因为有自己所看不见的一面。

高深的道是不可名状的，最了不起的辩说是不必言的，最具仁义的人是无所偏爱的，最廉洁的人是不必表示谦让的，最勇敢的人是从不伤害他人的。“道”完全表露于外就不算是道，“言”争辩总有表达不到的地方，“仁”常守滞一处就不能周遍，“廉”若露形迹就不真实，“勇”怀害意就不能成为勇。能做到这五种情况道就不远了。

一个人能停止于自己所不知晓的境界，那就是明智到极点了。谁能通晓不用语言的辩论，不用称说的很深的道理呢？若有谁能知道，就可称得上是天然的府库；无论注入多少东西，它都不会满溢，无论取出多少东西，它也不会枯竭，而且也不知这些东西源流自何处，这就叫做潜藏的光明。

曹操像，选自《图像三国志》。

闲时吃紧，忙里悠闲

宇宙间静中有动，动中有静，动静相间，逆动不停，只有这样才能完成宇宙的旋转，这是宇宙变幻无穷的根本法则。同样，忙与闲也是一样，虽然矛盾抵牾，却在不断变化中和谐统一、相辅相成。真正懂得生活的人也懂得忙里偷闲，闲中吃紧，既可提高工作效率，又可调节工作情绪，何乐而不为呢？

人生如棋，变幻无常，所以需有下棋一般的悠闲状态，闲时吃紧，忙时悠闲，棋理中有兵法，棋理中有治国之道。曹操善于下围棋，曹丕也如此。蜀汉大将费祎临危受命，率军出发时有人请他下围棋，他的棋艺果然高明，恰如出战时的指挥若定。费祎出战后果然大获全胜。司马炎也下得一手好围棋，曾在棋枰上定下速战东吴的计谋。有这样一个故事，说是前秦皇帝苻坚攻打东晋，晋国处境危急，而谢玄出兵江北，保卫建康。当前线战报传来，谢安却不动声色，一局终了，谢安才淡淡地说："侄子已经战胜了。"人们对谢安临危不乱的风度大为佩服。

班固曾论到弈棋的旨趣时说，棋类"局必方正，象地则也，道也正直，神明德也，棋有白黑，阴阳分也，骈罗列布，效天父也"，正如《菜根谭》所言"天地寂然不动，而气机无息稍停；日月昼夜奔驰，贞明万古不易"，用于中国棋道更是贴切不过，下棋能闲时吃紧，忙里偷闲，细细领会，感受良多。

平常心是道

在凝聚传统意识的常识中，心是人的主宰。

因此，修身养性也就是人生的一大功课。

怎样修身养性呢？

洪应明指出，在世俗之眼看来，天地间物种、风情人事都有万千种，众多纷纷，各不相同；而在智慧之眼看来，这些万千物体、风情与人事，却是殊途同归、异曲同工的。何须分别？又何须取舍？

所以，喝一勺海水，便可以知道四海之水皆咸味，世间万般滋味不必尽尝；看月印千江，看的总是体一不二的月光，个我的智慧更宜明朗如乾坤。

关键之处，在于"心珠宜当独朗"。

心珠又如何才能独朗？

禅者所言的"平常心是道"，对此提供了一个很好的注解。

"平常心是道"一语，源自赵州从念禅师请教师父南泉普愿禅师的公案。

赵州问南泉："何以为道？"

南泉的回答是："平常心是道。"

对此，马祖道一有这么一个阐述："道不用修，但莫染污。但有生死心造作趣向，皆是染污。若欲直会其道，平常心是道。何谓平常心？无造作，无是非，无取舍，无凡圣。"

按笔者的理解，平常心是处变不惊的泰然自若之心，是不因荣辱升降而妄生喜忧的恒常之心，是数十年持恒如一日地恪守信念又踏实劳作的平和之心，是能涵天容地的宽厚大度之心，是处世做事能不勉强不逾矩的自然而然之心，是消除了畏惧的自信之心，是告别了浮躁紧迫的从容之心，是可以恒久地领受心境安然宁静的返璞归真之心……如此，以平常心观不平常事，则事事平常。如此，波澜不惊，生死不畏，远离颠倒梦想，堂堂正正地做人。

弘忍大师像，图出自《佛祖道影》。弘忍是隋唐时期的高僧。

人有平常心，才可以培植、体验和领受平平淡淡才是真的人生真滋味。

从人间烟火的角度看，平常心也自有其表征。

禅宗史上，源律师（律师是佛教律宗解说戒律的和尚）问大珠禅师："和尚修道，还用功否？"

大珠禅师回答："用功。"

源律师再问："如何用功？"

大珠禅师以八字作答："饥来吃饭，困来即眠。"

源律师不解："一切人总如是，同师用功否？"

大珠禅师曰："不同。"

源律师还是不解："何故不同？"

大珠禅师指出："他吃饭时不肯吃饭，百种须（引注：思）索；睡时不肯睡，千般计较。所以不同也。"

由此公案可知,平常心是难得的。因此,平常心,实不平常也。作为生命体,一个人就算腰缠万贯,夜眠时也不过只需一张八尺床,日间能吃到肚里的也不过只是二升米,一日是一生的浓缩写照,人又何须百般计较?

是否有平常心的关键,在于是境随心转,还是心随境转。

禅宗六祖慧能从五祖弘忍处得到了衣钵传承后,来到了广州法性寺,听到两位和尚在寺前的旗幡旁争论。

甲和尚认为:“这是幡在动。”

乙和尚驳道:“这是风在动。”

慧能则指出:“不是风动,也不是幡动,是你们这些仁者的心在动。”

当时,“仁者心动”一语既出,众人皆服,并成为历史上“境随心转”的典型公案。

不是风动,不是幡动,仁者心动,这是迥异于一般认识的。一般认识只是从外境的现象着眼,并仅此而已地得出结论的。因为个人内心的反应,会因时因地因个人内心的变化而有所不同,也就失去了绝对的标准。所以,两个和尚看到同一种现象,就产生了幡动或是风动的异议。依此类推,人间所谓是非、好坏、优劣、善恶等更复杂的判断,并没有绝对的标准,而是因时因地因主观想法的差异,而有所不同乃至有大不同,万事万物是因缘聚会的,世界因此而更显现出虚妄、荒诞的对立面,月有阴晴圆缺,人有悲欢离合。

因此,如果我们的一颗心,只是随着外在环境的变动而变动,所谓心随境转,那么,心就恒处在漂泊之中,乱如麻,而身心一体,随之而来的就是饥来吃不下饭,困来睡不着觉。

现代人中,为什么精神病患者与日俱增?为什么自杀者屡见不鲜?这就是缘由之一。

与此相反,智慧的出路则在于,面对世事无常,时时保有平常心,让外境随我心转。正如《菜根谭》所言,自我心体澄澈,如明镜,如静水,则举目天下,自无可厌之事;时时保有平常心,意和气平,心境常在丽日光风之内,则天下自无可恶之人。

在这方面,自然给人的启示在于,疾风怒雨,禽鸟为之戚戚忧愁;霁月光风,草木为之欣欣向荣,天地日日有和气。因此,外境随我心转,人心就不可一日无喜神。

这是一种积极的人生观。

以人活在四季为例,面对着同样的日子,如果抱着心情欠佳的观念,日子就不外是“春雨绵绵愁煞人,秋月孤寂悒绝人,夏阳如火烧死人,冬雪如冰冻死人”,再如古诗所言:“芭蕉叶上无愁雨,只是听时人断肠”……如此,人生也就了无乐趣可言。

而从“人心不可一日无喜神”的积极乐观的人生观出发,所见所感却是大异其趣的。

云门禅师有语云:“日日是好日。”

为“日日是好日”一语,云门慧开禅师写下了一首传诵千古的诗偈:“春有百花秋有月,夏有凉风冬有雪,若无闲事挂心头,便是人间好时节。”同样是春花秋月,同样是夏风冬雪,同样是天地间气候变化的自然产物,然而境随心转,感受也就有天壤之别,春花令人心花怒放,秋月令人神飘天外,夏风令人心旷神怡,冬雪令人神朗气清……境由心生,感因心起,面对人生,举重若轻,常有若无事人的平常心,如此,日日才是好日,可引起灵明的澄思,启发生命的智慧,引导我们的人生如何度过那一个个普通却不再平常的日子。

这一点，对于那些因学富五车、才高八斗而未得一日清闲的忙碌人，更是切中矢之的。

人生不如意事，十有八九。如果一个人总是心随境转，心为物役，心中常戚戚，患得患失，心智必被悲观与绝望的负面情绪所蒙蔽，人生的跋涉也就举步维艰。

对此，智者的应对是别开生面的。

民国元老于右任老先生，一生饱经沧桑，却能淡泊宁静，荣辱自安。他的高寿养生之道，就是悬挂在客厅中的一副对联所云：不思八九，常想一二。横批：如意。

人生数十年如一日，苦是一日，乐也是一日。一个乐观的人，可以把仅剩的半瓶水看成是上天最美的恩赐，而人生不如意事十有八九，要如意，何不"不思八九，常想一二"？多接受正面的、积极的信息，如此，人生虽然难免挫折，但仍是努力往前，奋力不懈。

可见，要感受生活的快乐，常只是一个心境的问题。善待生活，善待自然，善待他人，善待自我，保有平常心，才能获得生命的新意，才能把握全新的生活。

这里的诀窍在于，不要因困境而轻起执著之心，不要因爱憎而轻起烦恼之心，不轻易被外界因素牵着鼻子走，不要因多管闲事而招来烦恼……平常心是道，百折不回，千真万确。如此，面对纷繁多变的世事，才可兵来将挡，水来土掩，有万变不穷的妙用。

陆九渊像，图出自明·吕维祺《圣贤像赞》。陆九渊是南宋大儒，号"象山居士"。

心学大师陆九渊有言："吾心即宇宙，宇宙即吾心。"这里所说的"吾心"，不仅是拳头般大的生理意义上的心，更是一种主观意志，一种主体精神。"四方上下曰宇，往古来今曰宙。"就涵容而言，作为主体精神的"吾心"可以包容宇宙；从范围而言，思维的"吾心"可以"触"及宇宙的边缘，连接古今；从速度而言，思维的"吾心"可以超越光速……

确实，人心是部大文章。

但要把握"吾心"，却又是最难的。所以，在禅宗的公案中，屡有"觅心而心不可得"之说。

为什么？

在洪应明看来，人心这部真文章，常常被残编断简之类的书文封闭固塞了。这与老子在《道德经》所说的"为学日益，为道日损"（四十八章），意思相近。

人的为学，是用脑去学知识，学而知不足，结果就是相对有限的知识越积累，就越浩繁越广博，学者也就自满自溢。人的为道，则是用心领悟，结果是越近于道，为道者就越谦卑虚己，越澄明宁静，这虽不是具体知识的直接增加，但对一个人心智境界的提升，一颗心灵的豁然开朗，却是不可或缺的。从方法上讲，“为学”用的是加法，“为道”用的则是减法。“为学”的对象是知识，而知识如罐头，是有保质期的，时光流逝，知识老化也就是必然的；“为道”的核质则在智慧，简洁澄明，时光流逝，智慧的亮色却与日俱增，跨时跨代，在有灵犀有准备的心灵中，如吹拂出阵阵春色地处处通……这些，借用陆九渊的诗句来表述，就是“易简功夫终久大，支离事业竟浮沉”。

可见，一个人“为学”与“为道”，一个人的知识多寡与是否睿智明达，并不是成正比的。也正因为“为学”基于有限，所谓生也有涯而学海无涯，也就不可能达到无限的境界。所以，古往今来，多少学者虽皓首穷经，终生也只是神思陷在象牙塔内，入乎其中而不能出乎其外，有限的知识成为苍白生命的遮羞布、贫瘠人生的“皇帝新衣”，人心这部真文章，也就埋没在虚幻短暂的捕风之中。

在洪应明看来，人心这部真文章，常常被妖歌艳舞声色犬马所障蔽湮没了。这，通于老子在《道德经》所说的“五色，令人目盲；五音，令人耳聋；五味，令人口爽”（十二章）。从道的角度言，大象无形，目不可视；大音稀声，耳听不见。人如果只执著于五色（红、黄、蓝、白、黑色，泛指可见世界的颜色）世界，五色所构成的光色污染就可以乱目，使人迷失了心灵，而心灵的失明，会使人真正迷茫；人如果只执著于外在的声音，忽略了心灵的呼唤、共鸣与回音，那么，五音（宫、商、角、徵、羽音，泛指可闻世界的声音）所构成的噪声污染就可以乱耳，导致心灵的失聪，人就难免寂寞孤独；人如果只执著于五味（酸、甜、苦、辣、咸味，泛指可吃东西的味道），贪求口福，只去满足口感的需要，心灵也就无缘于那淡而有味又韵味无穷的大道……

所以，要把握“吾心”，学者就不要被外在的一切所束缚，直觅本来心，保有平常心，人生才有个真受用。

所以，夸逞自我的功业，炫耀自我的文章，诸如“老子称第二，谁敢称第一？”“天下文章属三江，三江文章属敝乡，敝乡文章属舍弟，我为舍弟改文章”之类的心态与言行，都是靠外物做人。殊不知，自我心体光明莹然，本来自在，所以，一个人即使是无寸功傲世，无片语只字传世，也自有其堂堂正正做人之处。一片冰心在玉壶，一个人一生清白，同样可以百代留下清芬。

从这些角度，我们或许可以理解，即使过去是英雄，为何也是“好汉不提当年勇”。

从这些角度，我们或许可以理解，那些含蓄蕴藉而玩味无穷的诗词，何以有“不着一字，尽得风流”的高妙境界。

从这些角度，我们或许可以理解，周游了列国又学富五车的孔夫子，可谓行路超万里，读书破万卷，何以还依然有“朝闻道，夕死可矣”的追求与感慨。

……

所以，平常心是道。

平常心是收放自如之心，是可以自我把定之心。在洪应明看来，人活在世上，身要忙闲得宜，心要收放自如。此心亮堂，虽处外境物欲之中，也不放纵，但也不是干枯如死井。平常心疏放于收摄之后，也就可鼓畅天机，融入大化自然的。

人能常有平常心，身在万物中，心在万物上，立定自我，也就能自然随缘地应世，拿则拿得起，放也放得下，保持平和协调的心绪，日日心中有喜神，也就可以日日生活在好日中，离道也就不远了。

只是，《尚书》有云："人心惟危，道心惟微。"危则难安，微则难明。人活一生，其实都是在这"危"与"微"的途中行走，如何在这"危"与"微"的途中，减少坠毁入危途的几率？如何使"危者安，微者著"？这都是问题。

而人有不同，人的根基、遭际、历练与见识等，也有不等。于是，不同的人闻道后，反应也就不一。老子在《道德经》曰："上士闻道，勤而行之；中士闻道，若存若亡；下士闻道，大笑之。"（四十一章）意思是说，上等贤士听闻了道，就勤勉努力去实行；中等人士听闻了道，将信将疑；下等人士听闻了道，就哈哈大笑。

所以，看似平常的平常心，尤其是在不平常时期面对异常人与异常事的平常心，并不平常。

放下屠刀，立地成佛

唐朝时期的慧能认为：识见高于普通众生，并具有觉悟和无限的智慧，世上的人本来各自都有，只因为本心被迷住而无法自觉悟出。必须借着大善的知识来诱导启发才能见出人的本性。还应当了解是愚笨的人还是聪明的人。人的觉悟的本性本无差别。只是因为人有迷惑和觉悟的不同，所以才有了愚人和聪明人。我现在为你们讲说"摩诃班诺波罗蜜法"，使你们各种各样的人都能得到智慧，专心致志注意听。我给你们解说超群的智慧和见识，世上的人整天口里念般若经，没有认识到自己的本性中就有般若，就好比是空口说吃饭，总也吃不饱，只是口中说空静，一万年也不会见到佛，最终也不会有什么益处。"摩诃班诺波罗蜜"是印度的一种语言，它说的是通过人的大智慧达到人生的彼岸、佛的境界，这个必须心里行动实施，而不在于口中诵念。嘴里说而心里不去实践，就好比是幻觉影子，就像露水和闪电，旋即消灭；口里诵念，心里实行，心和口相配合，就可见出自己本性中有佛。离开自己的本性，外面并没有佛。

慧能大师像，图出自《月旦堂仙佛奇踪合刻》。慧能大师是唐代高僧，禅宗南宗创始人，佛教史上称其为禅宗六祖。

大家听着，人自己的身体是一座城，眼耳鼻舌是门户，外面共有五扇门，内心里有意门，心是大地，性是主宰，主宰者居住在大地上，人的性在主宰便在、性消失了主宰也就没有了，人性在人的身和心便好好地存在，人性离去人心便会败坏。佛只向人的心性中求得便可，不必要从心性外去求索。自己的本性被迷住了便成了普通的人，自己的本性觉悟了便成了佛，内心里有了慈悲感就可称之为观音，喜欢施舍财物那就可称为大势至菩萨，能够做到清净就是释迦牟尼，平直就是弥陀。人我不分就好像住在妙高山，有邪心就是海水，人的烦恼就是海中波浪，有毒害之心便是恶龙，心里虚伪妄想之念就是水鬼海神，被尘世所劳就是海中鱼鳖，极度贪婪就是地狱，愚蠢痴呆便是牲畜。会觉悟的人，经常注意行为上的“十善”，便到了天堂，清除了人我之间的欲念，高山便会倒塌，去掉邪念，海水就会枯竭，没有了烦恼，波浪就会失灭，忘记了毒害的念头，鱼龙就会灭绝，自己在本心上觉悟了进到了如来，心里放光明，向外照亮“六门”，使之清净，能够破除欲界的六天，自我心性照耀，清除了三毒、地狱等罪恶，即刻削减失灭，内里外在透明通彻，和西方诸佛便没有什么区别了。只有作这样的修行，才能达到彼岸佛的境界。

欲路理路，全凭一念

很多人生道路往往是在一念之间决定的，而一念不慎足以铸成千古恨事。因此，先儒才有“穷理于事物始生之际，研机于心意初动之时”的名言。但一念的铸成并不在当时而是在平时的锻炼，就像一个人在情绪特别激动的时候，往往会做出不计后果的事，而能出现这种情绪的本身说明这个人在平时可能还没意识到这件事是好是坏。可见一个人不能防邪念于未然，就可能“一失足成千古恨，再回头已百年身”。私心杂念和道德伦理并存是很矛盾很困难的，人必须拿出毅力恒心控制私心杂念，并且当机立断地把这种欲念扭转到合乎道德的路上。这个扭转只能在平时注意磨炼自己，那才可能操之在我。一念之间上可登天堂下可堕地狱。人不能总是到事后才悔恨，当生机在握时，当幸运在手时，决不可轻易放过。

明朝崇祯十四年，清兵大败明师于锦州，俘获明军统帅洪承畴。

清太宗久存并吞中原野心，想利用洪承畴做开路先锋，便派了一名说客，劝他投降。洪承畴自诩为耿介名士，深明大义，所以凡有说服者，他皆执意拒绝，且绝食明志。

清太宗见无计可施，无精打采地回宫休息。皇后博尔济吉特氏问：

“国主大败明师，中外震惊，为什么长叹起来？”

太宗说：“你们女流，怎知国家大事？”

“是不是中原还未征服呢？”

“你真是聪明，一下便说中了心事。只是为征服中原，才想招降明朝的将领洪承畴为我前驱，可是他却矢志不降。”

“怎会有不降的傻瓜？”皇后说：“威迫不来，利诱就行了！”

聪明的皇后却深知世上男子的弱点。帝后密议一番之后，事态便有了进一步的发展。

于是皇后特别打扮一番，黄昏时候，携了一个酒壶秘密出宫，独个儿走到禁闭厅。见洪承畴正闭目危坐，一副凛然不可侵犯的神态，乃细声轻问：“此位是洪将军吗？”声如出谷黄莺。

洪承畴是一个英雄,什么威逼利诱,毫不动心,唯独对于声音婉转,吹气如兰的女人特别敏感,不知不觉地就把眼张开,咦!怎么会有这样一个美人儿?

但洪承畴仍正色问:“你是什么人?谁叫你来的?有什么事?”

她深深行了一个礼,说:“洪将军!我知道将军是忠心耿耿的,绝食明志,了不起,就是以死殉国,还有什么可怕的!”说时嫣然一笑。

聪明的皇后看了看洪承畴,既庄重又妖媚地说:“你且不要问,我此来是一片好心,想拯救你脱离苦海的!”

“什么!你拯救我?想劝我投降?嘿!我心如铁石,请闭嘴!”洪承畴又装起威武来了。

但她不介意:“将军!你不要轻视我,我虽是女子,颇识大义,对将军这种英勇行为、殉节精神,衷心钦佩,岂忍夺将军之志?”

“那你来这里做什么呢?”

“唉,将军!我不是说过吗,是来救将军的。”她的话充满同情,而又惹人怜爱。“将军不是绝食等死吗?但绝食起码要经七八日才会气绝的。我煎好一煲毒药来敬将军。将军现所求者不外一死,如绝食和服毒死,究竟有什么不同?将军如怕死则已,若不怕死,请饮了这煲药,不就减少死前痛苦吗?”说完捧壶送过去。

洪承畴经她这般一捧一跌、一怜一媚的摇荡,已身不由己,连呼:“好好!我饮,我饮,死且不怕,何怕毒药!”立即接过壶来狂饮,不料流急气促,咳了起来,弄得药沫飞溅,喷得美人衣襟尽湿。

洪承畴自惭孟浪,连忙向她道歉。她若无其事地谈笑自若,拿出香帕来慢慢拂拭,媚眼向洪承畴一翻说:“看样子将军的阳寿还未尽哩!”

“我立志一死,不死不休!”

“将军可谓英勇之至,竟能视死如归,英雄!英雄!钦佩!钦佩!”她说:“不过,我还有一句话告诉将军。你现在既已为国殉了节,但身丧异域,去家万里,丢下家人,哭望天涯。深闺少妇,对着浮云发呆,春风秋月,苦想为劳,枕边弹泪,情何以堪?多情如将军,岂能闭眼不顾,不念旧情吗?”

洪承畴被勾起了心事,酸楚万分,想到毒药已下了肚,死期定不远,不禁泪如泉涌,长叹:“事到临头,还有什么可说,什么可顾?唉,可怜无定河边骨,犹是深闺梦里人!”

只这一叹,就暴露了洪承畴内心世界已有所动摇。经过那么多次的审讯、威逼、说服、利诱都没有动过一丝决心的洪承畴,只和这么一个弱女子几番问答,就开始犹豫了。此时聪明的皇后看出他已动心了,又用话激他:“决志殉国,将军可谓忠贞不二,无愧臣节啦。但在我看来,确是笨得可以。”

“什么,照你所说,难道失节投降,反是英雄好汉?”

“将军!不是我说你,你身为国家栋梁,明朝对你的希望正般,这样轻于一死,得了一个虚誉,究竟对国家有何补益呢?如果是我的话,会忍辱一时,渐图恢复,所谓忍辱负重,候机报君,方不负明帝重托,百姓仰望,断不会这般轻生,效匹夫匹妇所为!不过,士各有志,勉强不得。”

洪承畴虽然等死,但血脉格外畅通,既醉其美貌,又服其见识,心中忐忑,莫知所之，牙齿开始发酸，欲火已冒上了眉尖。

她又说：“将军死后，有什么话要转告家人否？我两人既然相遇，亦是一段缘分，我无论如何有传递的责任！”

洪承畴听她这么一说，眼泪又流出来了，她再掏出香帕来，迎身靠过去替他拭泪：“将军，不要伤心，看把衣服弄湿了。唉！我也舍不得你这样离开的！”

到天明，这位曾经为万民景仰，飨过大明国祭的经略大臣、显赫将军洪承畴，终于被精明的皇后所说服入朝参见清太宗了。

茫茫世间，矛盾之密

世事有很多看似矛盾其实却为必然的事。清修于山林而为隐士，本是高雅之士所为，却成了求功名者扬名的途径；佛门本是信徒清修的场所，偏偏有许多六根不净的人要托身其中。至于武则天出家为尼更是由于政治需要。其实这些人要的只是形式。世事亦即如此，很多人做事不唯实只求形式，不行善却得以善名行事骗人，给人们带来了更大的欺骗性。因此，人事纷陈，真假虚实相叠；天地辽阔，时时处处矛盾。

年方十四的武则天，便已艳名远播，被唐太宗召入宫中，不久封为才人，又因性情柔媚无比，被唐太宗昵称为“媚娘”。当时宫中观测天象的大臣纷纷警告唐太宗，说唐皇朝将遭“女娲”之乱，某女人将代李姓为唐朝皇帝。种种迹象表明此女人多半姓武，而且已入宫中。唐太宗为子孙后代着想，把姓武之人逐一检点，做了可靠的安置，但对于武媚娘，由于爱之刻骨，始终不忍加以处置。

唐太宗受方士蒙蔽，大服丹丸，虽一时精力旺盛，纵欲尽兴，但没过多久，便身形枯槁，行将就木了。武则天此时风华正茂，一旦太宗离世，便要老死深宫，所以她时时留心择靠新枝的机会。太子李治见武则天貌若天仙，仰羡异常。两人一拍即合，山盟海誓，只等唐太宗撒手，便可仿效比翼鸳鸯了。

武则天像，图出自明·天然撰《历代古人像赞》。

当唐太宗自知将死时，还想着如何确保李家江山的长久万代，要让颇有嫌疑的武则天跟随自己一同去见阎罗王。临死之前，他当着太子李治的面问武媚娘：“朕这次患病，一直医治无效，病情日日加重，眼看得是起不来了。你在朕身边已有不少时日，朕实在不忍心撇你而去。你不妨自己想一想，朕死之后，你该如何自处呢。”

武媚娘哪还感觉不到自己身临绝境的危险。怎么办？武媚娘知道，此时只要能保住性命，将来就有机会夺权。然而要保住性命，又谈何容易，唯有丢弃一切的一切，方有一线希望。于是她赶紧跪下说："委蒙圣上隆恩，本该以一死来报答。但圣躬未必即此一病不愈，所以妾才迟迟不敢就死。妾只愿现在就削发出家，吃斋拜佛，到尼姑庵去日日拜祝圣上长寿，聊以报效圣上的恩宠。"

唐太宗一听，连声说"好"，并命她即日出宫，"省得朕为你劳心了"。原来唐太宗要处死武媚娘，但心里多少有点不忍。现在武媚娘既然敢于抛却一切，脱离红尘，去当尼姑，那么对于子孙皇位而言，不可能有什么危害了。

武媚娘拜谢而去。一旁的太子李治却如遭晴空霹雳，动也动不了。唐太宗却在自言自语："天下没有尼姑要做皇帝的，我死也可安心了。"

李治听得莫名其妙，也不去管他。借机溜到媚娘卧室。见媚娘正在检点什物，便求道："卿竟甘心撇下了我吗？"媚娘叹道："主命难违，只好走了。"语音未落，泪已雨下，语不成声了。太子道："你何必自己说愿意去当尼姑呢？"武媚娘镇定了一下情绪，把自己的计策告诉了李治："我要不主动说出去当尼姑，只有死路一条。留得青山在，不怕没柴烧。只要殿下登基之后，不忘旧情，那么我总会有出头之日……"

太子李治解下一个九龙玉佩，送给媚娘作为信物。太子登基不久，武媚娘果真再次进宫。

逆己情欲道在忍

洪应明十分重视一个"忍"字。"忍"字心头一把刀，在为人处世方面，自有其特有的效用及必要性。

提到"汉初三杰"之一的韩信，你可能会想起"韩信将兵，多多益善"这一妇孺皆知的千古美谈。综观韩信的一生，可说是为一个"忍"字，提供了正反两方面的经验：他因一时忍得住而得以建立大功业，却也因一时忍不住而导致了自己的人生悲剧。

早年，青年韩信是一个衣食无着的布衣百姓。

一天，韩信佩带刀剑行走在淮阴的街头时，被一屠户家的少年无赖拦住，并当众嘲笑："你个头虽高大，整日身不离佩剑，而你的内心，却是十分胆怯懦弱的。"进而更以人身侮辱来向韩信挑战："你不怕死，那就拔剑刺死我吧。你如果怕死，就从我裤裆下钻爬过去吧。"

韩信当即血涌心头，盯了那无赖很久，转念一想，终忍下了这一口气，像狗一样趴在地上，从这个少年无赖的裤裆下钻了过去。此事一传十，十传百，很快，韩信在街坊邻里的眼里，成了一个有名的胆小鬼。

然而事实却并非如此。韩信之所以忍受了这奇耻大辱，是他不愿将生命葬送在无端的争执打斗上。果然，随着秦末农民起义的此起彼伏，他先是投奔项梁、项羽，未受重用，进而改向投奔刘邦。然后，发生了一段萧何月下追韩信的插曲，终被刘邦设坛拜为三军大将，率领百万大军，作战必胜，攻城必克，为创立汉王朝立下了汗马功劳。

随着威名的远播、军功的增多，韩信的个人名利心也在逐渐膨胀。在权位利禄的诱惑下，他终于按捺不住了。

当他率军降服并平定了齐国之后，他就迫不及待地向刘邦上书，以齐国乃一是非之地为由，提出必须设置一代理齐王来镇抚人心，稳定局势，并毛遂自荐。

当时，刘邦正在荥阳被楚军围困，见到此信，破口大骂："我被困于此地，从早到晚，都盼着你韩信来助我一臂之力，你却在现时只想自立为王！"

幸得他手下的谋士张良、陈平十分机智，反应敏捷，三言两语就向他晓明利害关系，认为在当时的形势下，禁止韩信称王，汉军的阵线就会出现大的变故。

刘邦马上醒悟，他忍下了怒气，又继续假惺惺地大骂："大丈夫既可平定诸侯，就该做真正的齐王，哪有做代理齐王之理？"于是，他立即派张良去封韩信为齐王，以此驱动韩信率领大军继续为汉家争天下。

韩信登坛拜将图，出自清・马骀《百将传图》。

一念之差，一时不忍，一着不慎，韩信就在自己与刘邦的君臣关系中，埋下了一颗钉子。而刘邦在一转念中，却忍住了怒火，他犯不着为了一个齐王的封号，马上与韩信闹翻，失去唾手可得的天下。

后来，刘邦将韩信由齐王改封为楚王。得天下后，刘邦又借故将韩信贬封为淮阴侯。最终，韩信被吕后扣上谋反的罪名斩首，并受到诛灭三族之祸。

司马迁在《史记》中，曾作了一种假设评价："假令韩信学道谦让，不伐己功，不矜其能，则庶几哉"——假使韩信能够学点处世之道，知道谦虚忍让，不夸耀自己的功劳，又不恃才骄傲，就差不多了。换言之，韩信的人生结局，就不可能这么凄惨。

顺便交代一句，韩信被封为楚王后，衣锦还乡之时，对于那位曾侮辱过他的少年，韩信不仅没有杀他，还高姿态地称他为"壮士"，任命他当军队的中尉。原因在于当时正因容忍了他的侮辱，才取得眼前的成就。此时，韩信的确是懂得"雪忿不若忍耻之为高"的道理的，可惜，这未能一直贯彻落实在他的处世之道中。

人们在今天所面临的，已不再是韩信所面对的场景及黑暗的历史了，但这并不妨碍"忍"之一字，依然成为我们为人处世的法家之一。

就拿我们上街言，人行道上，人流熙熙攘攘，单车道上，车轮滚滚，不时难免有我碰了你或你撞了他之类的事发生。这本不是什么大事，只要真诚地道个歉，忍受一下小委屈，那么，彼此的过隙马上就会化解，彼此的心理平衡也就得到了恢复，或许还会开始另一种良好的人际交流……

倘不如此，而是在碰撞发生之后，马上就你一言我一语地对骂起来，这样只会恶化彼此的心境，把原有的美好情绪完全冲跑。时间一久，甚至还会招来一些好起哄的围观之徒，导致对骂的双方大打出手，皮肉之伤难免，有时还会有医院甚或牢狱之灾。

此种事例,在现实生活中不少见。

可见,在日常生活中,注意培养忍的意识,学会谦让,学会通过发自内心的真诚微笑来化解自己与别人所存在的误会与矛盾冲突,对于每个人言,是十分有用和必要的——不论你是在街上步行,或是你面对着亲朋好友或同事。

禅宗六祖慧能大师曰:“忍则众恶无喧”,确实有一定的道理。

忍,对于领导者,更是一种应用的修养素质。小不忍则乱大谋。上述刘邦对待韩信自请称王之事的处理,就是一个好例子。因此,领导者在涉及集体、地区乃至国家、民族的利益时,在特定的情况下,为了不因小失大,就应有忍的度量。

因为“忍”就是将刀刃架在心上的考验。

关于忍,还有一点要说明的是:就个人言,我们所提倡的不是鲁迅笔下的阿Q式的那种忍,阿Q式的忍是一种在人际关系中逆来顺受,而又具有很强的自我麻醉成分的“忍”,是一种终会压垮与摧毁自己做人脊梁的“忍”。同样,在处理国家与民族的利益时,我们所说的“忍”,也绝不是清末统治者在面对外国侵略者的侵略时,所被动地采取的那种赔退银两、割地求和的“忍”让法。

忍,是忍以待发,而不是忍而坐,坐以待毙。我们要学会有骨气地忍。

败后或反成功,拂心处切莫放手

勾践卧薪尝胆的故事大家应该有所耳闻。

春秋末期,吴国与越国因解不开的世仇,兵戎相见。最终,越军战败,越王勾践只能屈辱地去吴国,为吴王夫差当马车夫。

因为勾践毕恭毕敬地伺候吴王,于是三年后,他被吴王放回越国。

勾践立志复仇雪国耻,所以,他摒弃了一切可能消磨志气的舒适生活,晚上就卧睡在柴草上,吃饭前必先尝尝苦极的苦胆,即所谓“卧薪尝胆”。在国内,勾践狠抓了衣食的生产和兵马的操练,对吴国,勾践则不断给吴王送美人和极好的木料,以消磨吴王的斗志,并促使他大兴土木,招致民怨沸腾。勾践还设计离间吴国的君臣。

如此经过九年的精心准备,越军终于打败了吴军,最终逼得吴国向越军求和。

又经九年,越王勾践亲自率军攻灭了吴国,走投无路的吴王夫差只能自杀了之,勾践成为春秋时期的新霸主。

勾践的经历,足以贴切地说明了《菜根谭》所论及的“耐”的思想。

因为勾践深切地认识到了那些邪僻险诈的人情,走过了一段坎坷曲折的仕途后,当他从一国之王而变为吴王的马车夫时,无疑是从天堂堕入地狱。难能可贵的是,失败的勾践并没有气馁。于是,他以坚韧的耐性与耐心,充分调动了越国臣民的能耐与力量,终于反败为胜,获得更大的新胜利。

想想,倘若勾践心中少了一个“耐”字,他如何能够不堕入荆棘陷阱中?如何能够成为被对手打倒之后,仍能爬起来并最终打倒了对手的强者?

所以,一个“耐”字融入人生的历程中,就是坚韧的耐性,是忍耐,是能耐,是恒心,也是毅力……

难怪,日本的不少企业家在阅读《菜根谭》时,对这“耐”字产生了深深的共鸣。因为自第二次世界大战后,他们大都有白手起家,在废墟中艰苦创业的经历,在参与世界性商品竞争时，他们又每每有呕心沥血、惨淡经营的履历，甚至还经受过破产倒闭的厄运，关键抉择的时刻，正是一个“耐”字成为他们精神上的支柱，使他们能在不利的境遇中，依然奋发抗争，兢兢业业，常怀如履薄冰的感受，艰苦努力，从而取得了事业的成功。而当这种成功如雨后春笋般地涌现时，日本经济的起飞，也就是顺理成章的了。

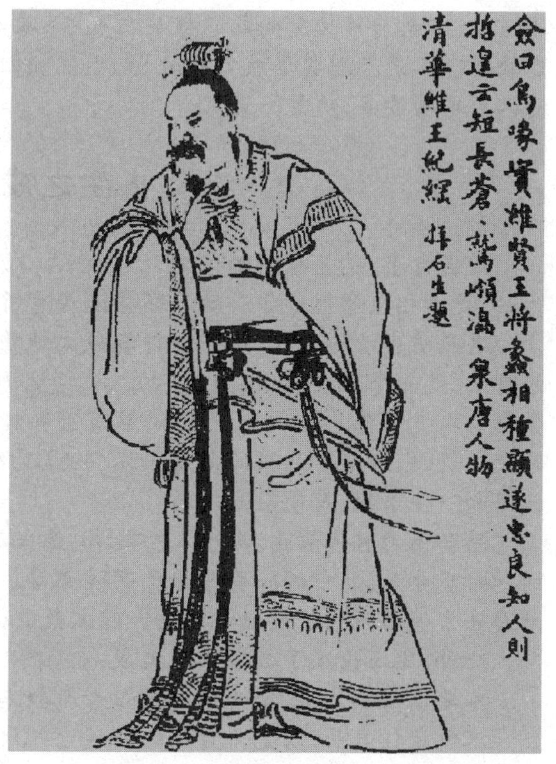
越王勾践像，图出自《东周列国志》。

读者诸君，也许你在企盼着事业的成功，希望自己不碰上或少经受失败的折磨，这种心情是可以理解的，但却未必是现实的。因为在你欲大展宏图并专注地向事业的高峰登攀时，或许因机会未到，或许因各种主观或客观的条件尚未成熟，或许因某人怀着不可告人的目的而横加干扰，等等，都可能使你的事业遭受到挫折，使你再三地品味到失败的苦涩滋味……

怎么办？

出路有两条。

一是怨天尤人，怀疑自己过去的追求而接受自己现在的失败：“我真傻，早知如此，何必当初？”于是，就自我消沉，甘于平庸、放弃追求，饱食终日而无所事事。

二则是冷静地对待失败，视失败为一种宝贵而不可多得的人生经验，并最终找到战胜失败，走出困境的策略。

无疑是后者最可取。

因为失败并不可怕，可怕的是对失败的认可。人生一世，一时的失败算不了什么，失败会使人获得一种强烈的刺激，平添智慧与见识。

可以说，每一位成功者都经历过失败，而那些人生的大成功者，就更是体验过大失败的滋味。卧薪尝胆的勾践如此，因试验炸药导致意外爆炸而从血泊中爬起的诺贝尔如此，电灯发明家爱迪生也如此，在他为发明蓄电池而经历了一万次失败之时，他仅是轻描淡写地对安慰他的朋友说：“这没关系，我只是刚刚发现了一万种行不通的办法。”后来，他得益那一万次失败而取得了成功。可见，学会失败才能取得成功。

类似的例子不胜枚举，道理都相通于《菜根谭》的那两段话语，它们虽不很直接但却是确凿无疑地传达出了以下信息：

一个“耐”字值千金！它能引导人们走向成功并创造奇迹。

失败确是成功之母。

在把握成功、减少失败的策略方面，还应该注意到两点，一是在挽救几成败局的事情时，心态与作为要如驾驭临崖之马，不要轻易就策打一鞭，而应以如履薄冰的心态处置。二是在图取垂成之功时，更不能松懈，如逆水行舟，不能少停一棹，否则，最终只会前功尽弃，功亏一篑。

人生之戒数则

处世行事，总是有所为又有所不为的，成功者就更是这样。而有所为与有所不为，又是由相应原则所导引的。那些使人有所不为的原则，即可称为人生之戒。

洪应明生活的时代，是一个将能极大地影响社会或人的未知因素视为鬼神作祟的时代，是一个信奉“天人感应”的时代，从而也就相信天地之间是否有祥和之气，也会影响人类社会是否和平、人际关系是否和睦的时代，是一个依然实行灭族株连法的时代。所以，从某种积极的角度出发，他认为任何有违于这些立场的一个念头、一句话语和一件事项，是最应戒绝的。

结合他的时代来看，这项人生之戒，是当时大多数士大夫知识分子所认可并选择的。时至今天，其中的一些意识已时过意迁，另一些则尚有借鉴的意义，如认为应戒绝因一言一语而伤了天地之间的和睦之气的意识。

此外，他还论及了数项人生之戒：

不要偏听偏信，以免为别有用心者所欺瞒；

不要放任自己，以免为自己的任性意气所驱使；

不要用自己的长处来比别人的短处；

不要因为自己的无能而妒忌别人的才能；

不要因为众人的怀疑，就阻止个人的独特见解；

不要仅信任自己的思想感觉而拒绝别人的言论建议；

不要因小失大；

不要借助公众的议论来满足自己的私心私情。

不要因过分喜悦而对人轻作许诺，不要因醉酒而发怒，不要因愉快过头而惹是生非，不要因自己的疲劳厌倦而使已经开始着手的事半途而废……

以上可称作君子的人生之戒，其中包含了自我控制、尊重他人意愿与意见的意识，“兼听则明，偏听则暗”的意识，不搞一言堂的意识，具体地处理好日常人际关系的意识，等等。它们合情合理。

以“毋因群疑而阻独见”一语作例言，就很好地说明了人在团队中，不应以许多人有怀疑、不同意作为理由，扼杀、禁绝任何可能包含有真知灼见的独立见解。因为合理认识与真理的拥有，并不是由认识、掌握并相信它们的人数的多寡所决定的，而且无数的历史事实已证明，合理认识与真理，首先往往是由个别人所把握并拥有掌握的。

再以“毋任己意而废人言”来说，历史上的那些由成而败，由盛而衰的亡国败家者、害人害己者，除了非人力因素所可挽救者，多是因不能坚持此戒而自食苦果的。

战国时期的蔡桓公田午就是如此。某天，名医扁鹊（秦越人）向他进言说：“我通过察言观色，发现主公有病，病在皮肤，宜及早医治。”蔡桓公挺挺自己的胸脯，弯了弯自己健壮的胳膊，相信并坚称自己无病，事后还揣度扁鹊进言之举，不过是借别人没病而找病治，多捞一些外快的伎俩而已。

五天后，扁鹊再次恳切地劝蔡桓公"主公确实有病，现病已渗入血脉，若再不医治，病就会严重起来的。"蔡桓公不高兴地拒绝了扁鹊之言，因为他自我的身体感觉颇好，所以坚信自己没有患病。

又过了五天，扁鹊又专门来对蔡桓公说："主公的病已至肠胃，再不医治，病就会加深，以至不可收拾。"此时，蔡桓公已把扁鹊一而再、再而三地说他有病之语，视作咒语了，他干脆就不答理扁鹊，扁鹊无奈，只能退下。

接着又过了五天，扁鹊见到蔡桓公已经耽误了十五天，病毒已由皮肤渗入血脉，再进入到了肠胃，此时更进入了骨髓，已无法医治了，他也不再多说。

再过五天后，蔡桓公果然病倒了。他马上派人去找扁鹊，却总也找不到。原来，扁鹊自知回天无力，已经预先躲了起来。几天后，蔡桓公死了。

可以这样说，蔡桓公不是死于肆虐的病魔手中，而是死于拒听忠言的固执中，他至死也不知"忠言逆耳"、"忠言不中听，中听不忠言"的道理，教训是深刻的。可见，盲目地自信和一意孤行，最终只会危及自己。

人啊！是得警惕。当一个人无足够理由却凭逞强的意气来一而再、再而三地拒绝别人的意见时，或许就是他正处在即将病入膏肓时。

所以，要想获得成功，思想交流是必要的，接受别人的合理意见就更是必要的，这种交流与互容，会有助于我们进入一种全新的境界。英国大文豪萧伯纳说得好："倘若你手中有一只苹果，我手中有一只苹果，彼此交换一下，那么你我手中仍各有一只苹果；但倘若你有一种思想，我有一种思想，彼此交换一下，那么，你我都将各有两种思想了。"

守道养性的最高境界——顺乎自然

春秋时期的老子认为：凡事处处要求圆满，不如趁早歇手不干；恃才傲物锋芒毕露，必然难以保持长久；黄金美玉堆满屋子，到最后谁也无法守藏：因财产丰厚、地位显赫而骄傲自大，必定留下祸患、埋下灾难。功成名就，即谦让告退，这样做才符合天道的规律。

天地之所以能够长久，这是因为它的生存出发点不是为自己，所以能够长久生存。因此，圣人总是主动把自己放在最后，不汲汲于争先，结果反而能够处处占先；总是将自己置之度外，结果反而能够保全生命。这正是由于圣人们从不怀抱自私之心的缘故。

让万物顺乎自然的变化是修身的大"道"。狂风不会永不停息地刮下去，暴雨也不会一直下个不停。是谁造成这种局面的呢？是天地。天地的狂暴都尚且不能长久，更不必说我们人类了。因此，汲汲于追求"道"的人应该明白这个道理：凡是寻求皈依"道"的，就和道相同；寻求皈依"德"的，就和德相同；寻求皈依"失"的，就和失相同。和道相同的人，道也乐于得到他；和德相同的人，德也乐于得到他；和失相同的人，失也乐于得到他。有不值得信任的情况存在，才会有不信任的事情发生。

曲能保全，空洼反而能够充实，破旧反而能够嶄新，少取反而会多得，贪多反而会落空。因此，圣人坚守"道"这一原则，作为修炼心智和治理天下的纲领。不自我表

老子像，图出自清·顾沅辑《古圣贤像传略》。

现，所以才显赫于世；不自以为是，所以才是非昭彰；不自我标榜，所以才功勋卓著；低调所以才出人头地。人不争我，我不争人。古代所谓的"委曲可以保全"这些话，绝不是空话。

精神和形体合二为一，积聚精气以致柔顺，能达到婴儿那样的状态吗？排除杂念，澄清心灵，能做到不留半点瑕疵吗？爱护民众，治理国家，能做到放弃运用聪明才智吗？面对自然的对立变化，能做到甘心退居柔雌的地位吗？通晓事理，了解奥妙，能进入清静无为的境界吗？让万物生长、繁殖，生养了万物却不据为己有，推动了万物却不恃为己功，导引万物却不妄加主宰，这就是至高无上的美德。

抛弃所谓的文化学问，才不会招致忧患。唯唯诺诺和高声呵叱，两者究竟相差多少？善良与罪恶，又究竟能相差几何？别人所害怕的，就不能不害怕，这风气自古以来就是如此，而且还不知道到何时才是尽头。众人都无忧无虑、兴高采烈、心情舒畅如同参加盛大的筵席，志得意满恰似在春天登台眺望美景，独有我淡泊宁静、无动于衷，就像婴儿还不会发出微笑。其他人都丰足有余，独有我一人似乎什么都欠缺，看似一副愚蠢之徒的心肠，混混沌沌，无知无识。其他人都是那么清楚明白，独有我是这样地昏聩糊涂。其他人都清醒精明，独有我懵懂无知。心胸宽阔恬淡，它就像无边无际的大海；行为飘逸洒脱，它就像不停疾吹的长风。众人都拥有一套本领，独有我显得笨拙无能、愚顽鄙陋。但我偏要跟普通人不同，因为我追求的境界是顺乎自然守道养性的。

《菜根谭》的心智告诉我们，达到心灵虚无空明的极致，切实地保持最高度的清静。万物都在生长发展，我就此观察它们循环往复。万物复杂众多，纷纭变化，但最后都各自回归到它们的本原。回归到本原叫做"静"，"静"就是所谓的"复命"。"复命"叫做"常"，认识"常"叫做"明"。不认识理解"常"而轻举妄动，肆意胡为，那么必然导致灾难。了解认识"常"，才能兼容包涵一切。包涵一切，才能坦然公正，无私无偏。大公无私，才能使天下景附归从。天下归从，才算是顺乎自然。顺乎自然，就是合乎大"道"。只有合乎大"道"，一切才能永恒长久，才能终身安全无危。

做人要有知耻之心

春秋时期的曾子认为：花开的繁华茂盛，但结的果实却没有几个，是天生的现象；

言论多端而行事少成的，是人为的现象。鹰和鹪认为山还是太低，而把巢筑到山顶的树上；鱼、鳖、鼋、鼍认为潭水还是太浅，而在水底另挖洞穴，最后它们还是被人抓到，那是因为贪吃诱饵啊！因此，君子真能够不贪利而妨害义，那么怎么会有耻辱呢？

做事常怀有羞耻之心，是相对于没有廉耻心而言的；拘谨的人有些事情不敢去做，是相对于没有什么不敢去做而言的。贤良与不贤良的区别，难道相距很远吗？没有什么不敢去做，正是他不知羞耻的地方。因此，孔子常常提及一个“耻”字，用来激励大家。知道羞耻的地方，就不必担心有值得忧虑的事儿了。

对他人进行教导，首先要让他有耻辱感，还必须培养他的知耻之心。督责他，使他有所畏惧；表扬他，使他有所追慕。这都是教导的办法。到他无所畏惧、不知追慕时，就没法子了。

人生福境祸区皆由念想造成

明朝的洪应明认为：自己的观念是造成人生幸福与苦恼的根源，所以释迦牟尼佛说：“名利的欲望太强烈就等于是跳进火坑，贪婪爱恋之心太强烈就如同沉入苦海；只要一丝纯洁清净的观念就会使火坑变为清凉水池，只要有一点警觉精神就会使火海变成幸福乐园。”可见意识观念略有不同，人生境界就会完全改变，因此一个人必须慎重地对待所思所想。

大梅问马祖：“佛是什么？”马祖答道：“即心是佛，心就是佛。”佛就是心，这一说法与平常心是同义。烦恼之心，有憎有惜有欲有爱之心，这颗平常心就是佛、就是道、就是菩提。后来，大梅住到梅山中，有一僧问他：“大师在这深山之中行什么禅？”大梅答道：“即心是佛。”僧人告诉他：“马大师以前是这么说，不过近日佛法有别。”大梅问：“别在何处？”僧人答：“马大师说‘非心非佛’。”大梅回答道：“这个老东西，老是拿这种东西迷惑人。我不吃他这套，不管他说什么，我只管即心是佛。”马祖听讯之后赞道：“梅子成熟了！大梅成了真器了。”禅就是心，无心就是佛法，心本来是没有的，这就是真理，只要明白了真正的主体，识别了心的本质，就会明白佛法的精髓。有位禅师说过：“说个佛字满面惭愧，说个禅字拖泥带水。”说佛就是污染了本心，全都舍弃什么佛、禅、道，人本来的面目就是这样。

人要支配习惯

清朝的王夫之解悟《菜根谭》时认为：一个立志想要有所作为的人，首先要把庸俗之气摆脱。旧习气对于人的熏陶，使人像闻到醇厚的酒气，不饮就醉了。开始时没有头绪，到了最后又不知结果。挥舞拳头，为针尖大的小利争斗，一时间的疯狂，九头牛也莫想制住。哪有真正的男子汉，甘心去做这种事。说起来这些人实在值得人可怜，我实在为他们感到惭愧。从时间上看，上有几千年，下要传延百世；从空间上看，广至全中国，旁及四边极远之地，有什么羁绊，有什么拘束，使人受到束缚呢？哪有志在千里的人，愿意和一般的人混在一起？天下那些无穷无尽的财富，怎么能够成为我个人的积蓄呢？

高飞九千仞之上的凤凰，燕子和山雀只能在下面看它飞翔。你如果不去喝那些

王夫之像，图出自《清代学者像传》第二集。王夫之为清代思想家，与顾炎武、黄宗羲合称为"清初三大儒"。

酸臭的酒浆，就可以闲在一旁看别人喝得烂醉。认字认得真切，俗气自然远离许多。"人"字一撇一捺，本来就和禽兽的"禽"字不一样。你如果言行洒脱不同流合污，那就是一个顶天立地的男儿。

为人要清明高雅脱离庸俗，潇洒安康，心无拘束，高洁适中，如雨过天晴，一片明净景象。这样去读书，能领略到古人的深意；这样去立身处世，能成为英雄豪杰；这样去侍奉父母，能仰承父母之志；这样去结交朋友，能合乎道义。因为志趣高超，就能谦和平易，如灯烛辉煌，光芒照人。花草遍地，香气沁人心脾，像深潭映着碧波，春山凝成翠色。高寿多福，长久吉祥。

既要担当大事，也要忙中取闲

清朝的曾国藩解悟《菜根谭》时认为：拥有高尚才识德行的人立下志向，就会有了泛去爱一切人和物的宏大气量，有圣人那样一种兼王者之位，以推行自然无为之道的功业，而后才不至于辱损父母对其养育之恩，不愧为世间完美无缺的人。这种人能提得起，放得下；算得到，做得完；看得破，撇得开。以这种洒脱的处世风格应世，可以轻松潇洒地活着。

以经的事情能把一件忘掉是一件，不必再去计较；现在的事情能了却一件是一件，是非宜早了结；将来之事能减少一件是一件，能够把事情平息，让人安宁就是上策。

人生在世，要忍得住世俗的烦恼，在世事的纷扰之中能忙中取闲，胸中牵肠挂肚之事可以放得下。世界上的事情，有的必须担当，有的应当摆脱；有需要出力而不必操心的，有应当操心而不必出力的。世间之事，既要大力担当，又要善于摆脱。不担当就不能做一番有利于天下的事业，不摆脱就无法在尘世之外的快乐中享受逍遥。

不要自认为智

战国时期的吕不韦认为：因为人的眼睛明亮才可看见东西，闭上眼睛就什么也看不见了。接触外物时，眼睛在看见或看不见方面是相同的，明察秋毫和闭目不见则不

《春秋五霸七雄列国志传》版画之管仲长叹而卒图，描绘了管仲临终的情景。

同。失明的人眼睛不曾明亮过，也就不曾看见过，因为失明就无法看见外物。无法接触外物却说看到了，这是瞎说。

智力也一样，智力达到或达不到，条件是一样的，在能够接受与不能接受方面则不一样。聪明的人，智力可以达到很远；愚蠢的人，智力所能达到的就非常近了。

你把长远的发展告诉鼠目寸光的人们，凭什么让他听进去？没办法让他听进去，游说的人即使善辩也不能让他明白。有个戎人感到被愚弄就生气地说："那么乱糟糟的东西，怎么能够把布做得这么长呢！"

所以国家被灭亡不是没有聪明的人，不是没有贤良的士，而是他们的君主没法接受他们的缘故。没办法接受，带来的弊病是自以为聪明，智力就必然不能接近了。智力达不到却自以为聪明，是荒谬的。像这样的国家怎能生存下去，君主又怎能心安？智力达不到但自己知道这一点，那就不会听到国家灭亡，君主危险的事了。

管仲有病。桓公前去探望他，说："仲父您的病很重了，对寡人将有何见教？"管仲说："齐国的鄙野之人有句谚语：'居家的人用不着车辆，出门的人用不着挖坑。'现在我将要永远地去了，哪里值得询问！"桓公说："请仲父您不要推让。"管仲说："希望您疏远易牙、竖刁、常之巫、卫公子启方。"桓公说："易牙不惜煮了他的儿子来让我快活，难道还要对他有所怀疑吗？"管仲回答说："人之常情，没有不爱自己孩子的，他对自己孩子都这么忍心，对您又能有什么呢？"桓公又说："竖刁自己阉割了自己来服侍我，还要怀疑吗？"管仲回答说："人之常情，没有不爱惜自己身体的，对自己身体这么忍心，对于您又将有什么呢？"桓公又说："常之巫明察生死，能消除鬼祟之病，还要怀疑吗？"管仲回答说："死生是命中注定的，鬼祟之病是精神失守引起的。您不听任天命、守住自己的根本，而依靠常之巫，他将借此什么事都会做出来的。"桓公又说："卫公子启方侍奉我十五年了，他的父亲死了都不肯回去哭丧，还要怀疑吗？"管仲回答说："人之常情，没有不爱自己父亲的，对父亲这么忍心，对您又将能有什么呢？"桓公答应了。管仲死后，桓公把那几人全都赶走了，吃饭不香，后宫不安定，鬼病又起，朝政混乱。过了三年，桓公说："仲父也太过分了！谁说仲父的话全部能采用呢？"就重新召回了这些人。

第二年，齐桓公生病了，常之巫从宫内出来，说："君主将在某日去世。"易牙、竖刁、常之巫一同作乱，堵塞了宫门，筑起了高墙，不让人通行，假称这是桓公的命令。有一个妇人翻墙进入，到了桓公的住处。桓公说："我想吃。"妇人说："我没地方可弄到饭。"桓公又说："我想喝。"妇人说："我没地方可弄到水。"桓公问："这是什么原因？"妇人回答说："常之巫从宫中出去，说：'君主将在某日死。'易牙、竖刁、常之巫一同作乱,堵住了宫门,筑起高墙,不让人出进,所以没地方可弄到东西。卫公子启方带着方圆四十里的土地和百姓投降了卫国。”桓公慨然兴叹,流泪说:“唉!圣人预见到的,岂不是很长远吗?如果死者有知,我将有什么脸面来见仲父呢?”用衣袖遮住脸,死在寿宫里。尸虫爬出门外,尸体上盖着蔽门的门扇,三个月都没有停柩,九个月后不能下葬。这完全是把管仲的话不听从的缘故啊。

桓公不是对灾难看轻,对管仲厌恶,而是智力达不到。智力达不到,所以不信管仲的忠言,反而喜爱自己所看重的那几个人。

不以贵骄人

战国时期的庄子认为:古代夏桀、商纣地位显赫,贵为天子,有众多财富,拥有天下。现在若是对奴仆马夫之类的人说:“你的德行如同夏桀、商纣。”他便会马上改变神色,毫不服气,这是因为连众人都鄙视桀纣的德行。仲尼、墨翟穷困得成为普通百姓,现在如果对宰相之类的人说:“你的品行如同仲尼、墨翟。”他便会马上改变神色,自愧不如,可见士是最尊贵的。所以,贵为天子,未必就尊贵;穷如百姓,未必就低贱。尊贵与低贱的根本区别在于他德性的美丑。

桀纣虽贵为天子,但却为众人所不齿;仲尼、墨翟穷为匹夫,却为众人所尊敬。所以,地位的贵贱不能决定一个人品行的美丑。权势高到做了天子也不傲视别人,富足得拥有天下也不戏弄别人。“不以贵骄人,不以财戏人”的品质是一个人难能可贵的。

夏桀像

现在的仁义之士,极目纵望则忧世忡忡;不仁不义之徒,则违背天性拼命地贪求富贵。所以,我认为仁义并非是人的本性!不然的话,夏商周三代以来,为什么天下这么昏乱不堪喧嚣嘈杂呢?

至于因循着天地的自然本性,随和着六气的千变万化,以畅游于无垠无际的时空之中,那还有什么不可以凭借的呢?所以,至人物我两忘达到无己的境界,神人无功不追求世俗功业利禄,圣人不对名声威望追逐。

把生命保全,必须先使生命不离开形体,生命和形体应当共存,可是有的人虽有形体,但生命已经死了,这就是通常所说的“行尸走肉”。

我听说有个神龟在楚国,已经死了三千多年了;楚王用手巾包着用竹箱盛着把它珍藏在庙堂之上。这个龟是宁可死了留下尸骨显示珍贵呢,还是宁可在污泥之中摇曳着尾巴自由自在地活着?

一定要静神清心,不要疲劳你的形体,不要动荡你的神气。这样,就可以长生了。眼睛什么也不看,耳朵什么也不听,心里什么也不想。这样,你的精神就能够守住你的形体,你的形体也就可以长生了。

有高尚道德的人,火不能把他烧灼,水不能把他淹死,严寒酷暑不能侵袭他,禽兽不能残害他;不是说他迫近了水火、寒暑和禽兽而不受侵犯,而是说他能明察安危,安于穷困和通达,慎于去留,因而也就没有什么能够伤害他。"至德者"能预先明察安危,且能安于处境,慎于行动,所以不会接近危险从而受到伤害。

活着的圣人是和自然一样运行,死了是混同于万物的变化;静处时和阴气同宁静,行动时和阳气共波流。对于生、死、静、动,都能顺其自然的人,是人们理想中的圣人。

保持一颗平常心

宋朝时期的崔敦礼认为:有很多愤恨会把物伤害,有很多欲望会把自己伤害,多逸害性,多忧害志。容易发怒会伤害别人,私欲过多会害了自己,贪图安逸会有害于品行,忧虑太多会削弱意志。做人应注意制怒、少欲、适逸、戒忧。

人的内心容易激动,我就追求平静;世事总是纷繁忙碌,我就追求清闲;日常生活中很多恩恩怨怨,我就追求凡事看淡一些。这是做人的秘诀。

人生在世如何才能"淡然无欲"呢?想要达到"无欲"的境界就是一种欲望。关键在于不要被人套上笼头不得自由,不要任人役使鞭打,这就要有淡泊的欲望、真率的欲望、刚直的欲望。人品的高下,实际上就是人的欲望的高低。

为人贪欲多就会对大义有亏,忧虑多就会影响思考力与判断力,恐惧多就会把勇气削减。

拥有欲望嗜好,别人就能利用它来切中你的要害,只要无所欲求,别人就没有法子乘虚而入了。

不要认为微小就不提防

元朝时期的许名奎认为:君子以公道正义把自己的私欲克刻,所以能充满爱人之心;小人以私欲取代公道,所以多有害人之心。多有爱人之心,则别人有技能如同自己有技能;多有害人之心,则别人有技能就必然嫉妒怨恨。士人任职于朝廷,就要被人嫉恨;女人进入宫中,就要被人嫉妒;汉代宫中出现了"人彘"的悲剧,唐朝宫廷则有对"人猫"的恐惧。萧绎嫉才而毒死刘之遴,隋代众儒妒能而欲杀孔颖达。王僧虔自廉书画拙劣而免祸,薛道衡因为诗句华丽优美因而被杀。

因快乐而发笑,别人就不会对他的笑容讨厌。卢杞发笑的原因深不可测,是因他内心狡诈。虽然一笑看似小事一桩,却能招致祸患。齐妃笑话郤克足跛而晋国发兵伐齐;赵平原君的美妾笑话跛脚之客而使宾客离散而出。蔡谟以牛车这种无足轻重的话题开玩笑,因而得罪于王导;郭子仪支开妻妾左右,是担心她们笑话卢杞貌丑而招来灭族之祸。人世多碌碌庸人,谁能免俗?冯道因《兔园册》的玩笑而贬刘岳的官,娄师德却为了被讥讽是庄稼汉而恼怒。

《东周列国志》版画之萧夫人登台笑客图。春秋时期晋国大臣郤克出使齐国,外交接见的时候,齐国齐顷公的母亲萧夫人躲在帷后观看。郤克是个瘸子,走起路来一拐一拐的,他一出现,萧夫人就忍不住笑出声来,这使郤克感到受辱,导致了日后两国刀兵相见。

骑马不慎把宝物摔坏,裴行俭未加罪于小吏;喝醉酒误烧金帛,羊侃未责怪宾客;司马劝酒曳拉裴遐,他跌倒而未恼怒;谢万被人从座上推下,弄掉了帽子头巾,他并未怪罪蔡系;有人上诉犯了直呼其名之讳,宗如周却没当成回事儿。

不要以为微小就不加以提防,蚁穴可以溃堤、蜂虿可以螫人。不要认为微小就掉以轻心,恶疮初发时不过像米粒那样小,却能使肌肤破裂,肠胃溃烂。隐患者会因谨慎而消除,祸难皆因疏忽而产生。与其在大火后奖赏救火者,不如把别人改灶移柴的建议听从。

以富欺贫,以贵凌贱,以强胜弱,以恶侮善,以壮轻老,以勇辱懦,以邪压正,以众攻寡,这是人世间的常情,也是常人逞勇表忠的机会。但认识到事物均有兴衰更替,就不敢再欺侮他人以取怨;认识到彼我力量对比必然发生变化,就不敢再对抗欺侮而横生是非。商汤服侍葛,周文王服侍昆夷,是忍侮于小。太王服侍匈奴,勾践服侍吴王,周文王服侍昆夷,是忍侮于大,忍侮于强大者优,忍侮于弱小者胜。面对侵夺应无动于衷,面对冷眼应该不动声色。

志不能被屈服者,得之于事先有所准备;轻易就被吓破胆者,受惊于变故仓促而致。能够搏击猛兽的勇士,却往往害怕蜂蝎;愤怒时能够打碎价值千金玉石的人,却不免失色于锅被打破。桓温带兵,"朝见"皇帝,王坦之吓得笏都拿颠倒了,而谢安却从容不迫,与桓温开怀畅谈。郭日希伏势作恶,白孝德彷徨无可奈何;而段透实却无所畏惧,单枪匹马赴郭日希军营,劝诫他弃恶从善。

喜欢把别人过度表扬的人是佞人,喜欢听阿谀奉承的人是愚人。故有讹言燕石为美玉,将鱼眼说成珍珠。将暴君桀尊为仁主尧,把强盗跖誉为圣人柳下惠。因爱憎而移其志趣喜好,说话颠倒是非。世上有伯乐,能够品评辨识良马,岂是庸人凡才而能确定劣马与骏马的价格!古代的君子,闻己有过则喜。好当面奉承人者,必然喜好在背后把人诋毁。

与地位高的人交往不阿谀奉承,可谓把交人的关键感悟到了。花言巧语、察言观色,被讥为不仁的小人。公孙弘将学习的目的歪曲为阿谀取媚,汲黯能当面指责汉武帝的过失。萧诚和柔而善美言,张九龄因此断绝了与他的往来。郭霸品尝魏元忠的小便，宋之问为张易之等人端尿壶，赵履温甘为安乐公主拉车的牛马，丁渭在都堂为寇准擦胡须上的汤渍，这些人的劣迹都载于史册，千秋遗耻。

结交朋友，也要有颗赤子般的心

真朋友不在于他是否能帮你解决多少难题，帮你做多少事情。真正的“朋友”，既不必志趣如何相投，也不用有着什么共同的利益关系，甚至可能不会拥有经常见面的机会，而仅仅取决于彼此之间能否在坦诚相见的基础上，做到始终如一地相互信任和相互支持。因为“朋友”本来就应该是我们生命中最大的一笔财富，其重要意义和无可取代的作用，就如同是双目失明的人手里的一根拐杖一样。

从春秋时期著名政治家鲍叔牙和管仲之间的故事中足让我们对于“朋友”这两个字所蕴涵着的全部内涵有了更好地理解。

曾经，鲍叔牙和管仲合伙做过生意，而且也一样地出资出力。可是到了分配利益的时候，管仲却总是要多拿上一些。而鲍叔牙因为知道管仲家里贫穷且还有老母亲需要奉养，所以从来不把此事放在心上。另外，当有人由于管仲曾三次充当逃兵而讥笑他“贪生怕死”，或是因其屡次做官屡次失败而指责他没有才干时，鲍叔牙却一再地强调这只是因为管仲没有施展才能的机会罢了。

能够对朋友如此信任已经十分难得，而鲍叔牙在此后的所作所为，就更是让人叹服不已。因为那体现出的已经是一份为了友情甘居人后的品德了。

就在鲍叔牙成为齐国王位候选人公子小白的谋士后，管仲却选择为另一个王位候选人公子纠效力。而在那场王位争夺战中，管仲曾想尽办法阻止公子小白继王位，甚至还用弓箭射过对方。于是，当公子小白最终继承了王位（即齐桓公）后，作为阶下囚的管仲自然命运难测。

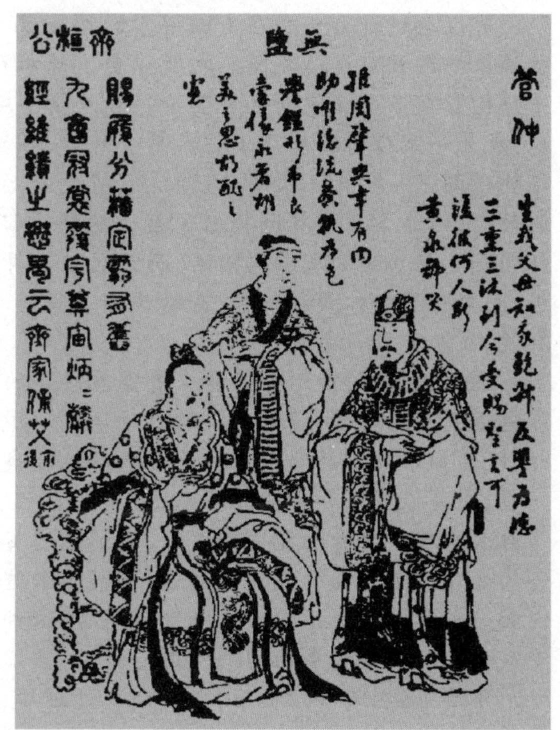

管仲、齐桓公像

齐桓公即位后，打算要拜鲍叔牙为相，还想杀了管仲以报那一箭之仇。可鲍叔牙却希望齐桓公能够不计前嫌，任用管仲为相，并指出管仲的才干远远胜于自己。于是，等到齐桓公重用的管仲，果然将其才华全部施展出来，不仅使齐国变得强大起来，甚至还最终让齐桓公成为第一个霸主。

“管鲍之交”不仅成了一段千古传诵的人间佳话，也让后世的我们明白了一个最为简单朴素的道理，那就是一个真正意义上的朋友的全部内涵,以及我们在与朋友的相处过程中应该始终保持着的那一份赤子情怀。所谓“三分侠气”,就是这个道理。

当然,这里的“侠义之气”,绝不是很多人嘴里所说的那种“哥们义气”,而是一种互相支持、患难与共的侠义精神,以及一份不为名利所动、始终坚持如一的道德操守。至于那种只是为了无聊时吃喝聚会、有事时相互利用的交友态度,不仅早已违背了正确的交友之道,而且以这样的态度和原则来待人接物,并非真正的朋友。

赢得朋友的最简单有效的方法,那就是以一种赤子般的坦诚来对待他人。又因为这种真诚是相互作用的,所以一个善于结交朋友的人就应该先从自身做起。只要我们能够捧出一颗真诚的“素心”,就会有越来越多的朋友靠近我们。

以退为进,也是求得成功的一种捷径

以退为进是人生一条重要的准则。即使这种忍让和宽容,有时甚至需要建立在自己痛苦的基础上,但这却是我们完善自我人格、实现自我价值的最佳策略和方法。而那种“先天下之忧而忧,后天下之乐而乐”的态度和做法,之所以至今仍被广为传颂,其根本原因也正是由于它所展现出的就是这样一种人生智慧。

从功利角度看,凡事懂得以退为进的人生智慧,也同样堪称是我们求得最终成功的一种捷径。尤其是在如今这个事事都讲求突出自我、处处也都强调激烈竞争的时代里,虽然人人都渴望能在奋斗的过程中求得生存和发展,但适当地采取以退为进的处事原则,却更容易成功。

曾经有过这么一个在美国留学的博士高才生。几年前,刚刚完成学业的他在最初的求职过程中屡屡碰壁。之所以会有这样的结果,无非是因为他所拥有的那个博士头衔让众多企业望而生畏罢了。于是痛下决心的他终于在隐藏起自己的博士身份后,成为一家公司的基层工作人员。此后,因为他毕竟拥有着极高的业务水平,于是很快得到了一次又一次的升迁机会,直到最后获得了与他的博士身份相对应的高级职位后,他才名正言顺地亮出了自己的博士证书。而他的这种求职策略不仅被事实证明是完全正确和足够聪明的,而且同时又再次证明了一个事实,那就是这种以退为进、间接行事的方式和策略,有时确实是比直截了当、贸然行事的那种做法更加行之有效,反而更容易达到。

因为,暂时的后退并不意味着畏难情绪的滋生或是消极态度的存在,而只是为了能够达到养精蓄锐、等待时机的目的罢了。就像故事中的这位博士所采取的策略一样,既然原本具备的高水准和高姿态不能让我们达到自己的目的,那么就不妨先退后一步,在降低要求和希望的基础上,先给自己找到一个起码的立足之地,然后再去利用机会来展示自身的能力和才干,直到通过不懈的努力和执著的追求,去获得自己最终的成功。如果真的能够做到这一点,那么这种所谓的“退”也就已经具备了“进”的内涵。尤其是当合适的机会一旦出现后,这种有目的有策略的“退”,就更是可能随时变成一往无前直逼成功的“进”了。

事实上,在某些情况下,当我们身处逆境或是遭逢不幸的时候,与其不管不顾地鲁莽行事或是怨天尤人地消极懈怠,而导致时间和精力上的巨大浪费,还不如选取以退为进、迂回向前的路径来达到自己的目的。因为一味的“进”很有可能就会转化为最终的“退”，而暂时的“退”也很有可能就会转化为日后的“进”，这种退与进之间的相互转变和因果循环，其实正像日月星辰在天地之间的运转和更替一样正常。如果不懂得这样的道理，自然也就无法通过暂时的“退”去换取长久的“进”，更不必说可能有任何成就了。

成功，具备执著向前的一种精神是必然的，但是如果能够做到合情合理地以退为进，无疑也是获得最终成功的一种捷径。而一旦拥有了这种捷径，我们又何必非要去走那些崎岖的道路呢？

逆境拂心造强者

孟子曰：“夫天将降大任于斯人也，必先苦其心志，劳其筋骨，饿其体肤，空乏其身，行拂乱其所为，所以动心忍性，增益其所不能。”意指日后能担当重任者，必先经过包括因遭遇逆境而导致的精神困苦，因参加体力劳动而导致的身体疲劳和肠胃饥饿、情欲饥渴等在内的艰苦磨炼，才可以增进才能，走向成功。

后来洪应明在《菜根谭》中，则比较系统地论证了相应思想，它们基本体现在前面引述的十一则语句中。

纵观古今中外，屡经逆境拂心之事，而又百折不挠，终成大事者不胜枚举，而被史家称为“古今完人”的曾国藩，就是个典型代表。

在咸丰二年(1852 年)曾国藩奉旨到长沙，帮助湖南巡抚办理团练。在太平军节节得手后，他眼看办团练已无济于事，而作为正规部队的绿营兵也不堪使用，他即上奏并获准按戚继光的办法组建新军，也就是以其家乡湘乡的练勇为基础，招募质朴的农民为士兵，以当地儒生为军官，组建湘军。

亚圣孟子像，图出自明·吕维祺《圣贤像赞》。

后来，曾国藩即发布《讨粤匪檄》，誓师出战太平军。

第一次两军交战在岳州(今湖南岳阳)、靖港(在长沙西北)，湘军连战连败，曾国藩痛不欲生，第一次投水自杀，被左右救起。

曾国藩痛定思痛后重整旗鼓，后攻占武昌重镇，奉诏署湖南巡抚。不久清廷怕他拥兵自重，无法驾驭，又解除他的署任，让他长期以侍郎的虚衔领兵打仗。

其后，曾国藩率水师向九江、湖口进攻。太平军翼王石达开率部来援，设计将湘军水师的轻便快船诱入鄱阳湖，再一举封锁湖口，使仍在长江中的湘军水师的笨重大船成为“无翼之鸟，无足之虫”，再用火攻。湘军水师的数十艘大船被毁，曾国藩率残部狼狈退至九江以西，其座船也被太平军围困。曾国藩第二次投水自杀，被随从捞起，只得到南昌退守。

后来，曾国藩因指挥湘军与敌交战无功，在给朝廷的奏章中用了“屡战屡败”之语。其部下李元度（另一说为彭玉麟）见后，建议改为“屡败屡战”，字无不同，但次序如此一颠倒，满篇精神大变，境界也就大不一样，远在京都的皇帝与重臣们读后，只觉曾国藩及其率领的湘军精神可嘉，不觉其屡屡失败可罪。

而事实正是如此，正因为依靠百折不挠的精神斗志，屡败屡战，如履薄冰，不断地走出逆境，不断地积小胜为大胜，曾国藩终率领湘军，会同左宗棠、李鸿章等指挥的部队，逐渐实现了对太平天国的“天京”的战略包围，并在同治三年（1864 年）六月，攻占了“天京”，立下战功。

所以说，伟人强者与庸人弱者的区别之一，就在于“众人以顺境为乐，而君子乐自逆境中来”。

在当今社会，同样应有强者的那种超越逆境意识，并将此落实到具体行动中，因为这是时代发展的需要、社会前进的重要条件。

日本企业家们之所以推崇《菜根谭》，跟《菜根谭》论及“横逆困劳”锻炼人的意识甚合他们的心意，有很大的关系。

众所周知，日本作为一个资源贫乏的岛国。日本战后获得了经济上的腾飞，跟日本人善于利用逆境来鞭策自己及其奋发上进的心理，有着密切的联系。

什么是强者？强者就是坚持自己远大的人生目标，有信念，能把握自己并知道珍惜现在，命令自己马上去行动的人。

强者并非天生，而是像你、像他、像我一样的人。只要记住逆境并不可怕，你、他、我，也可以通过行动来超越逆境，也就可以成为强者。

凡事不必尽善尽美

许多人总认为自己的人生，就应该达到一种尽善尽美的状态，不仅对自己的任何事情都苛求完美，甚至无法容忍周围的其他人或事存在着一点点的错误或纰漏。也正是因为抱着这种近乎病态的人生态度，他们更是时刻都会因为自己在相貌、出身、贫富、工作、情感等各个方面所出现的缺陷和不足，深感痛苦或满怀抱怨，更有甚者还会因此而嫉妒和仇恨他人，或是干脆就因为一种深深的自卑情绪而最终陷入消极悲观的泥潭中不能自拔，更不用谈其他的了。

其实这些大可不必，因为“金无足赤，人无完人”，不应该让这种所谓的完美主义来干扰甚至是破坏自己的健康生活。要知道，无论是为人还是处世，所谓的十全十美是根本就不存在的。即便我们在很多时候也会使用“完美”这个词语来评价某些人或事，但那也只不过是一种相对意义上的完美罢了，其中带有的强烈的主观色彩，并不能把事物本身依然存在着的固有缺憾真正掩盖。

就算我们真的能够在某一天里把绝对意义上的那种完美实现了，那么我们也势必将会因为一种巨大的满足感，进而使自己处于一种空虚和无为的状态之中，自然也就不会再有任何的进步和追求可言了。人类只有在不断地变革和创造中才能得以持续向前发展和完善。而一旦所谓的绝对完美已经变成了现实，我们就会完全失去前进的勇气和追求的动力，这肯定不是我们期望的。

追求十全十美是绝对不可能实现的，那么凡事也就更没必要非去苛求一种所谓的尽善尽美了。所谓物极必反，事情有鼎盛就一定有衰亡，人生也同样有成功就一定会有失败。如果不是这样的话，道教的创始人老子就没有必要在《道德经》中说出“持而盈之不若其已，揣而锐之不可长保”的至理名言，而司马光也就更不会在《资治通鉴》中发出“汉三杰而已，萧何系狱，韩信诛夷，子房托于神仙”的千古遗憾了。

从某种角度上说，当我们学会了凡事都不去追求完美而是留有余地的时候，也就等于是掌握了一种可以更好地保全自己的处世方法。这样不仅可以为自己的继续进取留下足够的空间，同时也不会把他人的嫉恨甚至是伤害招惹到。

汉家三杰图。汉家三杰，即萧何、张良、韩信。刘邦认为自己之所以打败项羽，夺得天下，是重用这三人所致。

当然，做事不求尽善尽美的同时，也并不意味着我们在面对他人或处理事情的时候就必须取消自己的努力和付出，甚至在明明可以做得更好的情况下却选择中途放弃。恰恰相反的是，在面对具体工作和日常生活的时候，我们还是应该始终如一地保持着追求完美和实现完美的一种基本态度，并以此作为动力去继续付出自己的全部努力。这只是一种积极上进的人生观的集中体现，而绝对不是什么看上去自相矛盾的明显错误。其中最为关键的区别就在于，我们追求的只是一种相对意义上的完美，而不是强求什么。

凡事不必十全十美，其实就是要给自己留下一点儿空间。毕竟在这个一切都在以几何速度增长的时代里，留给每一个人的空间都已经剩不了多少了。

享受山林之乐

清朝的张莫解悟《菜根谭》时认为：能享受到山林之乐的人，必须要具备四个方面的素质，才能长享其乐、实有其乐，这是古往今来不容易做到的。哪四个方面呢？就是道德、文章、经济、福命。

道德,就是指性情不孤僻,不忌恨,不褊狭,不暴躁,不为外界纷扰而移情,不为世态炎凉而气恼。在家里做到严肃、平和、简朴、镇静,能为妻子儿女所信赖;在乡里做到厚道、持重、谦和,能受到邻里的尊重。要做到淡泊,少一点营求之心,无愧于自己的良心。不得罪别人,不贪慕世俗,不与人争斗,不难为自己,然后天地让他安逸,鬼神许他享福,没有使人心烦意乱的病痛,没有计较利害得失所带来的烦恼,这难道不是道德在起作用吗?

佳山胜水,茂林修竹,全部凭借着我的性情知识才能尽情欣赏,否则,这些佳境看一次觉得悦目,见多了也就感到厌烦了。有时吟诵古人的篇章,有时挥笔抒写自己的所见所感,一字一句都可能流传千古;即使默然无语,也能领悟到大自然的真谛。古人所言:"行到水穷处,坐看云起时。"又说:"登东皋以舒啸,临清流而赋诗。"这些境界绝不是没有文化修养的人能够领会到的。这难道不是文章在起作用吗?

虽然是茅亭草屋,但布置得很有规范;虽然是菜田瓜棚,但井然有序,一草一木有布置也有法度。生活淡泊可以免于饥寒,步行就不至于疲劳。良辰美景而酒壶不空,每年祭祀两次,鸡豚还是有的。分花乞竹的事,不用多费精神,而自有雅士送来;疏通池子和结篱笆之类的事,不用弄得很豪华,顺其自然也能入画。这难道不是经济在起作用吗?

平时对悠闲喜爱的人,好像都闲不了;而有空闲的人,好像都不喜爱悠闲。公卿将相,时机一到就能去做。而在山林享受清福,却是老天最吝惜给人的。试看世上的人,有几人能真正解脱?记载在书卷中的,也不多见。置身在穷达毁誉之外,名利不能让他去奔走,世情也不能束缚他。家里有贫妻,而没有埋怨的话;田里有夏冬两次收获,就不用向人乞食。白香山所谓心事都没了,这不是福命又是什么呢?

这四者中只要不具备一个方面,就不能够享受隐居山林的清福。所以,世上那些有聪明才智的读书人,也有一些只是一知半解的,不能全知山林的趣味,而最终不能身入其中,主要就是这个原因。

从四十六七岁以来,我就讲求安心之法。凡是喜怒哀乐劳苦恐惧的事,只用五官四肢去对付,心中有方寸之地,常常是空洞的,非常清醒的,绝不让外界的纷扰闯入,所以心情常常很宽松纯净。我把心中这块方寸之地变成一座城池,将城门紧闭,时时严加防守,唯恐外界纷扰擅自闯入。有时它们来势凶猛,城门稍一疏忽,它们就会闯了进来,这时应立即加以觉察,及时把它们驱赶出城外,随后牢闭城门,让这里仍旧宽绰洁净。十年来慢慢觉得外界纷扰闯入得少了,偶然有闯入的,不很用力就能加以驱逐。这样,城外虽仍不免纷扰,但主人住在里面,还有浑然忘我的乐趣。倘若得以到田园归隐,见到山的时候多,见到人的时候少,空潭碧落,就可以了。

人贵自省

南宋时期的袁秉认为:一个人办事说话,能够深思熟虑,并且自己不断反省,这样的人不幸犯了过错,可以对他进行规谏劝告,帮助他把错误改正。

至于那种随心所欲、无所顾忌、胡作非为,或者是明知道这件事是错误的,却非要故意去做的人,必定会凭借其凶狠暴戾,强健勇悍来排除别人对自己的议论。善于处理邻里关系的人,如果看到类似这样的人,不但不敢对他进行劝告规谏,就是听到别人议论他，自己也要躲开，这是为了避免受到他的侮辱。有人不忍心看平时交谊深厚的人犯有过失，用诚恳正直的话规谏劝告他，反倒引起那人的恼怒，说："我与你交情极其深厚，难道连你也来毁谤我吗？"孟子说："不讲仁义的人，我们怎么能与他交流谈话呢？"

圣人和贤者还不能够没有过错，何况一般人不是圣贤，怎么能够每件事都做得尽善尽美呢？一个人犯了过错，不是他的父母兄长，谁肯教诲责备他呢？不是他情投意合的朋友，谁肯规谏劝告他呢？关系一般的人，不过是背地里议论议论他而已。

品德高尚的君子唯恐自己犯有过失和错误，暗暗察访别人对自己的议论，听到这些议论就会感谢别人，并且考虑改正过错。品德低下的小人听到别人对自己的议论，就爱强行替自己辩解，以至于断绝了朋友的交往，为此还有人而对簿公堂。

人生最苦是不知足

清朝的曾国藩解悟《菜根谭》时认为：天下的事物，不能够凭借着怀疑的心理去看待。万物摆在我们眼前，水鸭短小而天鹅修长，绳直而钩曲，唐尧仁义而夏桀暴虐，伯夷廉洁而盗跖贪婪。性质已经区别清楚，本来就不应有什么疑惑，然而一旦产生怀疑的心理，就会把水鸭看做天鹅，把直绳看作曲钩，把唐尧看做夏桀，把伯夷看做盗跖。这并不是事物本身给人们造成的错觉，而是由于人们首先凭怀疑的心理去看待他们，因此，他们所观察到的事物自然不是本来的面目。内心的疑虑没有解除，只看表面现象，必定会被蒙蔽。

难道只是对万物的观察会出现这样的情形吗？人们对待别人的言论也是这样的。给夏桀、盗跖驾驭车马的人称赞夏桀、盗跖，从申不害、韩非门下出来的弟子称赞申不害、韩非，有谁能相信他们的赞美之辞呢？以表里不一的伪善者的嘴脸来诋毁伯夷的廉洁，以村妇的身份来诋毁西施的美貌，有谁能相信他们诋毁的话呢？春秋时，宋昭公想除掉族中的众公子，而乐豫以族中公子的身份为众公子争辩。乐豫的话虽然正确，而宋昭公固然认为自己对乐豫已经产生了怀疑。战国时，楼缓从秦国来到赵国，请求赵王割让土地给秦国。楼缓的话虽然正确，然而使赵国牢不可摧的妙计很难有机会被赵国统治者所采纳。由此看来，凡是言论发自于内心而被看做是出于私情的，固然是由于君主对谏言的人有所疑虑，而君子又没有办法替自己辩白。

汉文帝像，图出自明·天然撰《历代古人像赞》。

不知足是人生之苦，方苞讲汉文帝终身常觉得自己不能胜任天子的职位，最善于形容古人的心曲。大抵人怀愧对万物之意，便是载福之器具，修德之门径。比如觉得上天待我深厚，我愧对上天；君主待我恩泽优渥，我愧对君主；父母待我过于慈爱，我愧对父母；兄弟待我非常友善，我愧对兄弟；朋友待我情深义重，我愧对朋友，这样就觉得处处都是和善之气。如果总觉得自己对待万物无愧无怍，总觉得别人对不起自己，上天对自己刻薄，那么就觉得处处都是违戾不顺之气，道德因自满而会受到损害，因为骄傲福分会受到折减。

从古至今讲凶德致败的道理大体有两条，一是长傲，二是多言。丹朱不肖，日傲、日嚚讼，就是多言。历代公卿，败家丧命，也大多是因为这两点。

无知无为胜有知有为

战国时期的吕不韦认为：凡是做官的，治理得好就奖励赏赐，治理得乱就惩罚处理。假如治理混乱却不加以惩处，那么混乱就更加重了。君主用喜好显露展示自己的才能，用喜好倡导来自夸，臣子用不谏诤来保持自己的官位，用曲意听从来换取容纳，这是君主代替主管官吏行使职权。这样，臣子就得以紧随其后来提高自己的职位。君主与臣子的关系不确定，耳朵即使在听也无法听清，眼睛即使在看也无法看清，内心即使知道也无法发动，这是形势使他们这样的。大凡耳朵能听是凭借着寂静，眼睛能看是凭借着光亮，内心能知是凭借着原则。君臣把各自的职守交换，那么上述三种官能就被废弃了。

国家灭亡的君主，他的耳朵不是听不到，他的眼睛不是看不到，他的内心不是不知道。君臣的职分混乱，尊卑上下不分，即使听到，又能真正听到什么？即使看到，又能真正看到什么？即使知道，又能真正知道什么？把没听到当做听到，把没看到当做看到，把不知道当做知道，达到随心所欲无所不至的境界，这是愚蠢的人所不能到达的。

再说耳朵、眼睛、智术、技巧，本来就不能作为依靠，只有在研究那些方法、辨察那些规律时才可以依靠。韩昭厘侯视察用来祭祀宗庙的祭品，看见猪小了，命令官员更换它。官员又把这只猪拿了回来，昭厘侯说："这不是刚才的猪吗？"官员无话可说。昭厘侯就命令官吏惩处他。侍从问："君王您根据什么知道这一点的？"国君说："根据它的耳朵。"申不害听说这件事后说："根据什么知道他聋？根据他的听觉好；根据什么知道他瞎？根据他的视觉好；根据什么知道他疯狂？根据他言谈妥当。所以说，去掉听觉无法听就听清楚了，去掉视觉无法看就看清楚了。去掉智慧无法知道就公正无私了。三者都不使用就能治理得好，三者使用就治理得乱。"

耳朵、眼睛、心智，它们很有限的了解、认识的东西，它们能听见的东西很肤浅。凭着有限的、肤浅的知识推行天下、安定不同的习俗、治理全国人民，这种主张必定行不通。十里远的距离，耳朵就听不到了；帷幕墙壁的外面，眼睛就看不到了；三里大的宫室里的情况，内心就不能知道了。靠它往东到达开梧，往南安抚多鹦，往西降服寿靡，往北怀柔儋耳，能怎么样呢？所以当君主的，不可不明察这些话。治乱安危存亡，本来就没有第二种道理。所以，最大的聪明是丢弃聪明，最大的仁义是忘掉仁义，最大德行就是不要德行。不说话、不思考，静待时机，时机到了做反应，心里闲暇的人取孔子绝粮于陈、蔡图。讲述孔子将到楚国做官,陈国及蔡国的大夫怕孔子入仕于楚会危及陈、蔡,于是派人围住孔子一行的住所,孔子及其弟子粮绝无炊之事。

胜。凡时机到了做反应的道理,应是清静无为、公正质朴,使事物自始至终都端正。这样使事物自始至终都端正,即使没人倡导,但却有人跟随。

古代的君王,他们做得少,沿着世袭得多。因袭,是当君主的方法;做事,是当臣子的准则。做事就会忙乱,因袭就会平静,顺应冬天的寒冷,适应夏天的暑热,君主还做什么事呢?所以说,当君主的原则是无知无为,却胜过有知有为。这就把当君主的要领得到了。

主管官吏向齐桓公请示工作,桓公说:"把这事告诉给仲父。"主管官吏又请示,桓公说:"去告诉仲父。"像这样有好几次。桓公周围的人说:"第一次让找仲父,第二次还是让找仲父,当君主太容易了!"桓公说:"我没得到仲父时很困难,得到仲父以后,为什么要困难呢?"桓公得到管仲,做事尚且十分容易,更何况把道术得到呢?

被围困在陈蔡两国之间的孔子只能吃没有米粒的野菜汤,七天没有尝到粮食。颜回去讨米,讨到后烧火做饭。快要熟了,孔子看见颜回抓取锅里的饭吃,假装没有看见。眨眼之间饭熟了,颜回把饭端上来给孔子。孔子起身说:"今天我梦见先君把饭弄干净了然后献饭祭祀。"颜回回答说:"不行。刚才煤灰粒掉到锅中,扔掉食物不吉利,我就抓出来吃了。"孔子感叹说:"所相信的是眼睛,可眼睛看到的仍不可相信;所依靠的是内心,可内心仍旧不能够依靠。学生们记住:了解人本来就不容易。"所以,有所知并不难,把知人之术掌握就非常困难了。

做自己心灵的主人

每个生命对于自己已经逝去的青春岁月都有一份留恋和一番感慨。可事实上,青春并不会因为我们的依恋和珍惜而稍作停留,就像这个世界也同样不会因为我们的快乐或是悲哀而有所改变一样。明白了这个最为普通最为寻常的事实以后,我们就应该努力让自己放下所有不必要的负担,去拥抱那一种真正的自由。

当然,在人生之中,总是会有太多的困惑和无奈,太多的失望与挫折。比如说家庭和婚姻,不像我们当初想象的那么完美;或是所从事的工作,不是我们心目中最理想的选择;再比如说付出的努力,与自己期望得到的回报相去甚远;又或是自己的生活现状与身边的其他人相比起来,还存在着很大的差距……所有这些不尽如人意的际遇,才是真正的人生。

生活固然如此现实,但如果一个人终日里总是愁眉苦脸,或者跟周围环境中的人和事总是显得格格不入,那么这样的生活又有什么乐趣可言呢?要想让自己快乐起来,我们就应该学会以一种开朗、乐观的心情去构筑生活的每一天,最终让我们的生活变成另外的一种状态。之所以这样说,只是因为世间的万事万物常常会随着我们的心理状况的变化而变化。比如说我们常常会有这样的体验:当我们刚好处于怒火中烧的状态时,眼里看到的事物自然变得面目可憎,而当我们欢欣鼓舞之际,身边的所有情景也会在不经意间显得更加美好可爱了。

曾有这样的一位禅师,他每日对信徒们讲法时的第一句话都是:“人生好快乐呀!”久而久之,这逐渐成了他在讲法时的一种象征。

后来当他重病躺在床上的时候,嘴里却不断地叫喊着:“人生好痛苦呀!”

于是,庙里的主持问他道:“当初的你可不是现在这个样子呀。我记得从前的你在一次不慎落水后差一点儿被淹死,但后来被人救起来后却能面不改色,那种视死如归、无所畏惧的样子让我直到今天还记忆犹新呢。可现在的你怎么会变得如此脆弱?况且你在平时讲法时总是在讲快乐,为什么有病时就毫无顾忌地把自己的痛苦讲起呢?”

听到责问禅师先是让住持和尚来到自己的床前,接着又反问道:“住持大和尚,你刚才问我以前都是在讲快乐,现在却总是讲痛苦,那么请你告诉我,究竟是讲快乐对呢,还是讲痛苦对呢?”因为住持和尚明白如果按照佛法的解释,那么无论自己回答“快乐”还是“痛苦”都将是错误的,于是也就无话可说了。

这个故事告诉我们一个真理,那就是这个世界本来就不完美,总是存在着太多有所缺憾的人和事,北宋大文豪苏东坡也早在他脍炙人口的经典佳作中抒发过“月有阴晴圆缺,人有悲欢离合”的感慨。

既然酸甜苦辣避免不了,那么我们又何必要让外事外物左右自己的情绪呢?无论是痛苦也好快乐也罢,完全可以自自然然地接受它们,学会用一种放松的心情去欣赏和享受人生中出现的所有风景。因为悲观足可使人丧失心志,暴戾更是会招来意外之祸,只有乐观奋斗的人才能享受幸福的生活。其实遭遇世事时自身情绪上的通与不通,也不过只是在于我们的一念之间罢了。能够成为自己心灵的主人,才能最终把更为完满的快乐人生得到。

人生也应该有一面“镜子”

在人生中,每个人都会不断地经历着成功或失败,这本来就是一件极为正常的事情。可是如果一个人因为某一方面的成功就沾沾自喜、得意忘形,或是因为某一方面的失败就悲观失望、畏缩不前,那么久而久之就会丧失了对于自我的约束和控制能力,进而还有可能将会引发出许多难以预料的严重后果。

所以说,想要有所作为的人,就应该为自己的人生找到一面有事无事时都可以经常照照的“镜子”,也就是一种自我约束和自我控制的能力。有了这样的一面镜子,也许我们并不会因此而得到更多,但至少可以让我们把更多避免失去。

人生在得意时要知道尽早回头,失败时也不必灰心丧气。这种看上去不足为奇的"老生常谈",却是我们的先人从长期的生活积累中总结出的至理名言,同时更是经过历史上的无数先例反复证明过的经验之谈。所谓"弓满则折,月满则缺",说的也都是"知足常乐"的人生哲理。懂得这些道理的人,常常能够在"功成"之后明智地选择"身退",来作为保全自己的最佳方法,就像春秋时期的范蠡或是西汉时代的张良等人;而不明白这些道理的人则往往因为一时的贪念最终落得一个脑袋搬家的下场。就像为秦国建功立业却终究难逃一死的李斯,或是西汉年间发动"七国之乱"的吴王刘濞等人。尽管追求名利是再正当不过的人之常情,可是如果为了贪恋这些终将失去的身外之物,却害得自己丢了气节甚至是掉了脑袋,这显然是得不偿失。

范蠡扁舟归五湖图,描绘范蠡助越王勾践称霸后,功成身退、泛舟五湖的故事。

假如说出于对成功的渴望而迷失了自己还是一件值得同情也可以原谅的事情,那么因为对失败的恐惧便放弃了希望显然就是一种既令人悲哀更不可容忍的错误了。

但是,在我们生活的这个大环境中,确实存在着一种事事处处都在倡导"自谦"和"自制"的社会风气,而许多约定俗成、广为流传的至理名言,也时时刻刻在提醒着我们要有一种"自知之明"的人生态度。可是所有的这些社会风气或是人生态度,除了在告诫我们什么是需要避免的东西外,却没有提示我们什么是需要坚持的东西。这样一来,也许我们是学会了如何才能呵护自己和保全自己,可是我们丢失的却是执著奋斗的意志和锐意进取的信心。而人之所以能够成为一种拥有着高级智慧的生命,不仅在于我们可以在思考的基础上作出总结,更是因为我们能够通过约束和控制自己的情感和意志,来达到征服命运和改变世界的最终目的。所以只要在保证社会公理或是他人利益的前提下,能够做到正确地认识自我,那么我们就应该可以勇敢地面对任何的挫折和失败,无论是顺是挫都要把自己的追求继续下去。

并且,失败也并非那样可怕。只要我们能够在失败中发现自身存在的缺点和不足,在充实自己和完善自己的同时,提高和增强我们的意志力以及战斗力,那么也就等于是拥有了避免再次失败直至赢得成功的能力与智慧。而失败还有另外一个极其重要的意义,那就是能够让我们品尝到由失败造成的种种不健康的情绪。在经过了这样的磨砺后,当我们真正地赢得了成功的时候,我们才能更加充分地去享受那份快乐和喜悦,同时也就更加懂得如何去珍惜已经得到的这一切了。这就是失败的积极意义。

英国作家萨克雷曾经说过:“生活是一面镜子,你对它笑,它就对你笑,你对它哭,它也对你哭。”实际上这句至理名言也无非就是在提醒我们:无论是在成功还是失败的时候,都应该经常去照照这样的“镜子”。只有这样,快乐才可以变得更加长久,痛苦也终将在我们的生命里消失。

做回那个真正的自己

有许多年轻人在刚刚进入社会的时候,总是会经常抱怨着经验不足或是人心难测的一类问题,而在社会里浸淫得稍久一些后,又会时常感叹压力过大或是无人理解的种种遭遇。在他们的眼中,似乎自己只能在一种疲于奔命的状态中周而复始地生活下去,却早已看不到可以让自己率性而为、随心所欲的任何可能和机遇了。

但是,这些人也许从来都没有严肃认真地想过一个问题,那就是终日在这种尔虞我诈、利令智昏的状态中忙来忙去,自己究竟能收获到多少真正有意义的东西。也许他们已经想过了这样的问题,但还没有解决问题的气量而已。

所以说,与其游走在各种人际关系之间八面玲珑,还不如在面对他人和处理事情的时候保持一份真实质朴的人生本色。与其事事小心谨慎处处委曲求全,倒不如在待人接物的时候豁达大度地展示出自己的纯真个性。也只有当我们真的能够在绝不有损于社会公理和他人利益的基础上,做回那个真正的自己,才会让我们重新获得一种简单自然的快乐人生,也才会更有利于我们实现生命之中渴望已久的一份成功与辉煌。至于古人所倡导的那种“有所为,有所不为”的君子风范,也无非就是要求那些具有高远理想和高尚道德的人,应该尽量在为人处世的过程中保持着自己的本色。

曾经有这样一个故事,说的是一位国王因为年纪日益老迈而且又没有儿女来继承王位,所以就决定在自己的子民中挑选一个孩子收为义子,等到自己退位时再让他成为新的国王。为此,国王想到了一个极为独特的选子方法,那就是先给举国上下的每个孩子都分发一些花种,然后又宣布如果谁能用这些种子培育出最美丽的花朵,那么他就收这个孩子做义子。

等到检验的那一天,除了一个家境贫寒、两手空空的男孩之外,其他的孩子都捧着各自培育出的鲜花等着接受国王的检验。可是国王在得知了那个男孩虽然历经努力却始终没能培育出鲜花的失败经历后,竟然宣布他就是自己选定的义子。原来国王发给所有孩子的花种全都是被煮熟的种子,这样的花种是根本不可能发芽开花的。国王这样做,终于给子民找到了一位诚实的新国王。

拿出勇气,做回那个真正的自己,无论是对于哪一个人来说,都是一件有百利而无一弊的事情。在这个问题上,无论是君子或是凡夫、圣贤或是普通人是没有分别的。

要快乐,就要学会自我省察

在人生道路中我们所谓的快乐与痛苦、成功与失败等问题,并非完全是由客观条件的得失或是优劣来决定的,其中还包括另外一个更为重要的内在因素,那就是我们在这些条件下所抱的态度和情绪。而这也就意味着一个人的种种际遇，往往也和自己在当时所选择的心态和情绪有关，甚至有时还可能完全由自己作出了怎样的选择来决定的。

确实我们的态度和情绪常常会对自己的整个人生产生极为深远的影响。也正是因为如此，对于每一个想要在自己的生命中有所作为的人来说，除了要战胜各种各样的外在困难外，还需要时刻都能做到必要的自我省察，从而更好地把自己战胜并由自己来支配自己。

也正因为这个缘故，所以无论是在平凡琐碎的日常生活中，还是在千钧一发的紧要关头，我们还是应该在各种各样的选择与考验面前，做到始终如一地保持一种足够清醒的态度和快乐平和的情绪。比如说让自己的内心尽可能更为坦荡一些，少些毫无益处的虚与委蛇和刻意伪装，或是在为人处世的过程中尽量能以一种谦虚谨慎的态度和原则去面对周围的人和事，而不是因为取得了一点点的成绩就去得意忘形地炫耀自我。这不是什么虚伪世故的生存伎俩，只是我们应该学会的一点儿做人的根本道理罢了。虽然说来简单，但这却需要我们的勇气和智慧，当然一份自我省察的必要能力是必不可少的。

要想把真正意义上自在人生获得，肯定少不了一种必要的自我省察。因为置身于现代生活中的任何一个人都不可避免地要去面对各种各样的实际问题，而每一个人也都有保全自己、追求幸福的权利，所以要想在现实生活中更好地实现个人的目的和愿望，那么就应该学会在以诚待人的基础上来处理事情和解决问题。当然，这也不是说我们就一定要对所有的人和事，都必须直来直去地盲目信任，更不要轻易就展示出自己的全部才华与能力。毕竟社会是复杂的，人心是多变的，所以在很多时候还是要多长个心眼，既要以诚为本，又要注意避免因为过分炫耀才干从而把他人的妒忌甚至是伤害招致过来。

但是在实际生活中，在实践自我省察能力时，却发现非常难，当我们受到别人的无辜指责或是恶意伤害的时候，又有多少人能够真正做到平心静气甚至是笑脸相迎呢？没有破口大骂甚至是拳脚相向就已经很难得了，还哪有什么心思去调节自己的心态和情绪去从容地面对这些是是非非呢？说到底，这种能力不仅是一种道德品质的充分体现，更是一份难得的生存智慧的具体表现。至于那些能够做到这一点的人，既是因为他们的身上具备了常人所不具备的许多美德，同时更是由于他们具有一个更为远大的人生理想和追求目标。为了达到自己的最终目的，他们自然懂得“谦受益，满招损”以及“韬光养晦”这些人生道理，不仅不会刻意炫耀自己的才华与能力，更不会因为被那些暴躁甚至是恶意的言行所激怒，进而有过激行为的发生。

而对于想处处以理服人的人来说，也一定要先学会用强有力的自我省察和自我节制来征服自己。在这个问题上，历史上的很多伟大人物都已经给我们作出了足够参考和学习的榜样。即使是在心事积压得自己有些无法承受的时候，如果一定要缓解和释放出那些不良心态和压抑情绪，以阻止它们会对自己的身心健康造成某种不利的影响，那么真正聪明的人也往往都会选择那些无足轻重的细枝末节，而绝非是在那些极为关键甚至是重中之重的要紧事情上来发泄自己，这样才能把无可挽回的重大错误避免。

当然在适当的情况下发发脾气，并不会给我们的工作和生活造成什么极为严重的破坏或影响。毕竟身处于这个纷繁复杂的现实世界中，又有哪一个人能够总是时时顺心事事如意呢？只要能够在真诚待人的基础上，时不时地进行必要的自我省察和自我节制，那么也就可以在为人处世的过程中，更好地保全和发展自己了。

成功的人生，离不开人情世故

人们常说的“人情世故”究竟有着怎样的含义呢？其实说来也很简单。它指的就是人际关系上的一种酬酢往来。虽然在绝大多数的情况下，这种关系只是一种形式上的东西，甚至还多少夹杂了一些虚伪的成分，可它在我们维系自己与他人之间关系的过程中，却是不可或缺的一个组成部分。不仅如此，对于那些渴望在社会生活上求得生存和长远发展的人来说，这是很重要的一个步骤。

所以说，一个真正意义上的成功人生，是离不开这种人情世故的。有功劳固然要积极争取，但是总不能把这种好事往自己一个人身上大包大揽、却吝啬于将其分享给他人；而过失虽然人人都不愿意承担，但也不该本着“一推二六五”的逃避态度，将其完全地推到他人身上。毕竟我们都不可避免地要置身于整个社会生活的各个集体之中，倘若总是采取这种趋利避害的做法，那么长此以往还有谁愿意和你相处和共事啊！这虽然只是人情世故的一个侧面，但却足以影响到我们自身的长远发展，也与我们在未来的成败得失有着密切关系。

好事要主动与他人分享，坏事要勇于主动承担，这显然才是一种能够彰显个人的博大胸襟和处世智慧的正确态度和做法，也是不断取得成功的最佳秘诀。在这件事情上，举世闻名的F1方程式赛车选手舒马赫就绝对堪称是一个值得我们学习的榜样人物。在取得了一系列的显赫战绩后，他在接受所有媒体采访的时候，总是要把功劳归功于自己身后的整个团队；而在遭遇失败和挫折后，他又总是把过错归咎于自己的操作失误。也正是因为有了这样的一种态度，不仅为他赢得了全世界的尊重与敬仰，也为自己的不断成功奠定了坚实的基础。

如今我们的整个社会就是由人情世故编织而成的一张看不见的大网。置身其中的每一个人，也不过只是这张大网里最为微小的一根线头而已。既然整个大网都是由无数个像你我这样的线头连接而成的，那么我们又怎能轻易地将自己摘除在这张大网之外呢？如果说一切已经成为一种无可避免的定局，那么懂得了这些道理的我们，就更是不能轻视和忽略了人情世故的重要意义以及它的巨大作用，而且也应该努力地去学会掌握和运用这样的人情世故。与其是在逃避的态度中弄得自己处处尴尬时时难堪，还不如干脆成为这张大网中最为坚固的一个部分，从而在这种千丝万缕的紧密连接中把自己的快乐人生实现。

“你走你的阳关道，我过我的独木桥。”这只不过是在事情已经发展到了无法弥补的程度后不得已而说出的一句负气话罢了。对于那些真正成熟的人来说，就更是不应该认为这样的一种结局就是我们最好地选择了。尤其是在我们这个素来讲究人情世故的礼仪之邦里，做任何事懂得一些必要的技巧和方法是必须的。

处变不乱，百折不挠

在现实生活中，从来就没有真正的绝境。很多人之所以没有成功，就是因为他们缺少坚持下去的勇气。心不定则事不成，没有了勇气，自然就想不出解决问题的办法，一遇到困难就没了主意，除了放弃就是逃避，结果一事无成。其实，人们在最困难、最危险，甚至是陷入"绝境"的情况下，只要坚持奋斗，便可以创造转败为胜、起死回生的奇迹。

人们常说，打仗靠士气，正所谓"一鼓作气，再而衰，三而竭"。没有旺盛的士气，是不能打胜仗的；如果士气委靡不振，打起仗来更是必败无疑。然而，士气说白了就是一股精神气，是情绪的表现，是人们在复杂环境下的情感和心理的流露。真正合格的将帅要智勇双全、临危不惧、处乱不惊、不避生死，且具有远见卓识。

三国时期，蜀国丞相诸葛亮错用马谡，失去街亭后，只有2500军士驻守在西城县。就在这时，哨兵忽然来报："司马懿引大军15万，往西城蜂拥而来！"众官员听得这个消息，个个大惊失色，因为此时此刻，诸葛亮身边无一员大将，只有一班文官。但见诸葛亮登上城头，果然尘土冲天，魏军分路往西城县杀来。诸葛亮当即传令道："将旌旗全部隐藏起来，军士们各守卫在城上巡哨的岗棚，如有随便出入城门及高声讲话的，杀！大开四个城门，每个城门用20个军兵，扮作百姓，打扫街道。魏兵到时，不可乱动，我自有计谋对付。"传令下去后，诸葛亮披鹤氅，戴纶巾，引两个少年携带一张琴，来到城头上，凭栏而坐，焚香操琴演奏。魏兵的前哨急忙将这个情况报告司马懿。司马懿立刻命令军队停止前进，自己飞马向前观望。果然见诸葛亮在城楼上，笑容可掬，焚香弹琴，左面一个少年，手捧宝剑，右面也有一个少年，手执麈尾，城门内外，仅有二十余名百姓，低头打扫，旁若无人。司马懿怀疑城中有重兵，连忙指挥部队撤退。其子司马昭见状说："莫非诸葛亮没有多少兵力，故意这样的？父亲为什么要退兵呢？"司马懿板着脸说："诸葛亮平时一向十分谨慎，从不冒险。今天大开城门，必定有重兵埋伏。我们若是冲进去，一定中计。你们懂得什么？还不快退！"诸葛亮见魏军远去，哈哈大笑起来。众官员问他说："司马懿是魏国的名将，今统率15万精兵来到这里，见了丞相，慌忙撤退，这是什么原因呢？"诸葛亮说："他料定我平生谨慎，从不冒险，见我们这样镇定，怀疑有重兵埋伏，所以退去。我并非在冒险，只因为不得不这样啊！"大家敬佩地说："丞相的计谋，鬼神也不能预料啊。如果我们来指挥，必定会弃城而走了。"诸葛亮说："我们只有2500人，如果弃城而走，必定走不远，不是很快就会被敌人追上吗？"可见，将帅统领三军，他的一个命令，一个行动，不仅关系到三军将士的生死，还关系到国家的危亡，百姓的安危。因此，真正的大将要有大将风度，应该沉着冷静，不急不躁，处变不惊，从容应战。

人生如战场，在竞争激烈的社会里，我们也会遇到艰难险阻，我们应该向将帅统兵打仗一样，驾驭自己的人生。勇敢而不蛮干，保存实力而不贪生怕死，性格刚毅而不暴躁，不畏艰险，不怕强敌，保持冷静的头脑，正所谓"留得青山在，不怕没柴烧"，"山重水复疑无路，柳暗花明又一村"。

在这个世界上，从来没有什么真正的绝境，无论黑夜多么漫长，黎明总会到来；无论寒冬的暴风雪怎样肆虐，柔和的春风依旧会缓缓吹来。当困难接连不断，当挫折如影相随，当命运之门在我们的面前一次又一次的关闭，我们永远也不要放弃，永远也不要怀疑：总有一扇窗会为我们打开，总有一片天会属于我们自己。